貓室友
只想窩在家

與貓快樂同居的
100件室內設計提案

楓葉社

前言

　　與貓咪對話的方法有很多種，但我覺得最困難的對話，是為貓咪動手做點什麼。

　　即便只是尋找安裝市售吊床的位置，也算動手做的一種。首先，最重要的就是思考「要裝在哪裡，貓咪才會去使用呢？」而這就是對話的開端。於是乎，人們便會有意無意地向貓問道：「你覺得哪裡好啊？」

　　如果貓一直盯著人看，那就是在說：「這個人到底想做什麼呢？」如果朝飼主靠近，則是回答：「哎呀，感覺好像很不錯。」等安裝完成，飼主又會問：「這裡怎麼樣？」若貓咪扭頭而去，就代表牠們覺得：「不行，這裡感覺很難用。」

　　如此一來，人們又會在一番絞盡腦汁、上窮碧落下黃泉後，不放棄地詢問：「那這裡如何呢？」當貓咪終於表示：「哇，就是這個！」願意進入吊床

時，飼主的內心不僅一股成就感油然而生，還會產生不可思議的連帶感與同伴意識，這便是有來有往的頻繁對話所帶來的成果。

在設置貓跳台或貓步道等大型家具時，也是一種與貓咪溝通的手段。而且就溝通的意義來看，比起一次就到位，多次失敗才能深入展開更深刻的對話。在不斷嘗試的過程中，您與貓的交流會愈來愈熱絡，有時甚至還會發現貓咪不為人知的一面，從而獲得新鮮感。

目的為讓貓咪舒適生活而開始的室內改造，能促進貓與人的美好溝通，一步步落實為具體的空間營造，而這也正是讓彼此都獲得幸福的途徑。

加藤由子

Contents

Part 2 | 在 RoomClip 發現的 質感貓空間 39

Part 3 | 貓也舒適的 生活空間提示！ ⋯⋯ 89

本書的閱讀方法

　　透過能發現各種創意室內設計的社群平台——「RoomClip」的協助，我們收集許多不用放棄興趣愛好也能與貓共享生活的設計點子，以及如何營造質感居家空間的技巧，並將這些內容編輯成冊。

　　書中不僅有訪問與貓共同生活的用戶時發現的家中巧思、與貓共處的方法，以及這些用戶對於發布在平台上的室內設計有什麼想法，更有多達100件以上的室內設計實例，協助各位打造人貓共同生活的空間！

實例中不只有流行商品，也介紹可DIY的家具與雜貨、講究的收納法、防災對策，以及多貓家庭的經營要領等豐富內容！

這區將由專家——加藤由子老師擔任顧問，搭配生物學知識，針對如何創造人貓都舒適的環境給予評價。

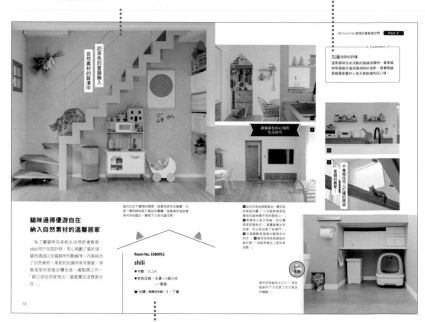

這區會刊登每件範例在RoomClip上的用戶名稱與編號（Room No.），如果有發現想套用到自己家裡的資訊時，便能自行搜尋。

〈注意〉
・本書刊載的文章與資料皆為取材當時的資訊。
・根據本書進行DIY製作時，請留意安全並自行負責。
・本書介紹的應用程式「RoomClip」，僅有日文版與英文版，並請留意系統需求。

Part 1

與貓咪共享生活的
絕妙室內設計

suemonta 14

tomoko

hemuko

自己就能 DIY 的理想貓咪 GOODS

shizi 195

kiyomi

icb

maru_hiro 709

KURO

orange-toast

kinako

快來拜讀能與愛貓一起
過著豐富生活的質感裝潢！

貓與家人愉快齊聚一堂
充滿開闊感的客廳空間

「規劃時，我尤其講究客廳沙發附近的空間，希望大家能聚在一塊享受生活。設置的時候，我還有考量到貓咪活動上的自由度與安全性。」

人與貓都能放鬆的
美式生活空間

從設置在房間中央的貓跳台放眼一望，便能把客廳與飯廳盡收眼底，suemonta14家的房間就像貓咪的遊樂場。「貓跳台我是自己動手DIY，希望能配合客廳那套我一見鍾情買下的皮革沙發，打造出美式復古風格的房間。」

Room No. 5052585

suemonta 14

• 坪數：4LDK

• 家族成員：3人家庭+2貓

🐾 ARARE（mix）♀ • 2歲6個月

🐾 MONAKA（mix）♀ • 1歲

木材與丹寧布
手工打造的貓跳台！

1a **1d** 這座貓跳台是利用 DIAWALL 腳架支撐調節器豎起 2×4 木材進行 DIY。「大型綜合商場有賣圓形木料，所以我就買來加工做成貓跳台的踏板，並拿舊牛仔褲來裝飾，而穿過踏板的貓吊床也是手工製作。」 **1b** 在貓跳台捆上 IKEA 的貓抓墊加以改造。 **1c** 踏板用 IKEA 的 L 型零件確實固定，就算兩隻貓一起待在上面也能負荷！

有好多歡樂東西讓我興致昂然喵！

2 還可以跟貓咪玩在貓吊床裡找零食的遊戲。

11

把家具層層堆疊
打造叢林風

3a

3b

3c

3d

最喜歡能玩耍的貓抓箱了！

3a 「在臥室窗邊擺放 25 年前買的附抽屜的棚架等家具，側邊再用墊腳凳製造落腳處，製造與貓跳台一樣容易上下高低差。」猶如叢林的高塔一定能讓貓咪十分滿意！ 3b 高塔的中段是在 AWESOME STORE 購買的電視型貓抓箱。 3c 在貓抓箱裡放鬆的 MONAKA。 3d 「貓咪們會在最上層遠眺外面或躺著休息，在臥室窗邊隨心所欲地享受。」

小矮桌
變身貓用暖桌！

4a

與貓享受生活的訣竅❷

4a 4b 摺疊迷你圓桌蓋上布料、擺上手工製作的頂板後，小小貓用暖桌就完成了！「貓咪們會在裡面捉迷藏或是午睡、玩耍。」

4b

5

6

5 6 客廳沙發背面的收納櫃附近排放著貓抓板、睡窩等用品，為了讓貓咪們能在喜歡的地方玩耍或休息，這裡羅列了牠們的最愛。 7a 7b 兒童房內設有廁所、床鋪一應俱全的貓屋。「桌上是用2個蘋果箱以不同方向上下堆疊，上面的箱子還有開洞，這樣貓咪就能躲進裡面窺伺外面的世界。」

Close Up

7b

7a

Map of the world

EUROPE

NORTH
AMERICA

SOUTH
AMERICA

把廁所、床鋪、遊樂場
集於一身的手工貓屋！

8

8 印地安帳篷是用從生活百貨店買的棒子、魔鬼氈及手邊的布料DIY。「坐墊是用生活百貨店的5個坐墊接合而成。」 9「仙人掌造型的磨爪柱是網購買的。」

仙人掌造型的磨爪柱與房間氛圍十分契合！

9

手工帳篷的材料
在生活百貨店就能買到！

DIY
建議

10a

10b

10a 10b 用束帶把IKEA的箱子固定在窗邊扶手上，製造瞭望點讓貓咪欣賞外面的風景；為了避免貓咪抓破紗窗逃走，這裡還有用束帶把生活百貨店販售的網子綁在加裝的伸縮桿上。

\ Comment /

加藤老師的評價

在房間中央安裝貓跳台的手法令人耳目一新。設置時緊挨著沙發就不會覺得擋路，人在沙發、貓在跳台的安排，讓貓跳台自然地成為室內擺設的一部分。只要想好怎麼把柱子的部分搬回家，接下來就能加裝磨爪區、踏板或吊床，按喜好加以改造。希望這位用戶在未來也能發揮創意，繼續輕鬆愉快地DIY。

極富存在感的沙發
也是貓咪的遊樂場

⑪跳過沙發椅背在客廳與飯廳之間來去也很有趣。　⑫一臉驕傲地把大型沙發占為己有！　⑬「沙發是合成皮，不會勾到貓爪，清理掉毛也很容易。」

DIY
建議

利用樂高積木
打造活潑的用餐區

Close Up

⑭a ⑭b 利用生活百貨店販售的碗架與 Logo 墊，替用餐區增添明亮活潑的氣氛。「我依水碗的大小，用樂高積木作了台子。」

DIY
建議

⑮在客廳、飯廳與走廊間的門上挖個洞，自製貓用出入口。
⑯兩隻貓經常會在窗邊曬太陽。「雖然也會吵架，但牠們感情真的很好。」

沒有壓力，
每天都很開心喵！

15

在高處設置貓咪來去自如的
貓咪專用步道

木質天花板演繹出氛圍沉穩的空間，沿著梁柱設置的貓步道沒有壓迫感，它會一路通往寢室牆上的貓洞。

考量貓咪動線的
北歐風空間改造

　　tomoko的房間是運用北歐與法國的木製家具，醞釀出溫馨的空間。「我是以貓與飼主都能享受空間為前提，搭配我喜歡的家具進行改造。就算和貓咪一起生活，我也希望能享受室內布置的樂趣，所以貓用家具我也特意挑選了能融入房間風格的物品。」

Room No. 4728473

tomoko

- 坪數：1 LDK+WTC
  （步入式衣帽間）
- 家族成員：夫婦＋1貓

🐱 GURI（俄羅斯藍貓）♂・6歲

溫暖的天窗下
是貓咪休息放鬆的區域

1 天窗下的籃子內放有GURI喜歡的毯子，牠很喜歡把這裡當作床鋪。**2** 陽光灑落的天窗下方感覺很溫暖，因此飼主在此處規劃能讓貓咪午睡的棚架。「中段的貓踏板是無印良品的『壁掛式家具』。」**3** 還可以活用貓跳板的附近作為陳列區。

架設在窗邊的貓跳台
是能環伺房屋內外的頭等席

4

5

今天也會有小鳥
來訪喵？

6

4 架設在窗邊的貓跳台不只能讓貓從高處眺望窗外，還能銜接臨近天花板的貓步道。
5 蹲坐在貓跳台踏板上監視戶外的GURI！
6 「牠會鑽進透明『飛碟』裡，有時甚至會在裡面睡上5小時，而這段期間就是我們欣賞肉球的幸福時光。」

7a

與貓享受生活的訣竅❶

7b

7a 貓和牆上的擺設形成了美不勝收的構圖。「這張是從客廳方向拍攝的貓洞。貓步道會連到這個貓洞，穿過去後，對面就是臥室。有時 GURI 早上會從這個洞口叫醒還在睡夢中的飼主。」**7b** 洞口對面的寢室內設有高 120cm 的磨爪柱，是通往貓洞的墊腳石。

有專用的隧道
好方便喵。

與貓享受生活的訣竅❷

「客廳的門關上後，貓就沒辦法去廁所，所以我用在 ZARA HOME 買的球狀門阻來撐住固定。」

＼ Comment ／

加藤老師的評價

銜接貓跳台與貓步道時的重點在於，讓貓舒適好走的同時，也要能讓人覺得賞心悅目。就讓我們一起來動腦思考如何添上一隻貓來完成「如畫的風景」。這位用戶利用貓步道與穿牆小窗等設計，使得本就充滿品味的房間錦上添花，我非常佩服這些巧思。

散步好舒服喵！

8「在尋找防脫逃柵門時，我對這扇復古雕花鐵門一見傾心，於是在改造時買來擺在這裡。」 **9** 拴著牽繩在人工草皮上散步的GURI，聽說牠每天都會要求主人帶牠出門溜搭。 **10**「我特別在寢室內窗下方的床邊擺了六角型的收納櫃，這樣貓咪就能透過窗子窺探。」

寢室收納櫃上的小窗戶

是貓咪的監視區

與貓享受生活的訣竅❸

既是擺設也能是遊戲區
收集沒有使用的椅子加以陳列

好多舒適的地方喵！

⓫排列多張椅子能營造室內陳設，還可當作貓咪歡樂的遊戲空間。　⓬GURI每天都會在各種椅子上登高望遠，說不定牠比人還更會享受椅子！　⓭「除了夏天炎熱的時期，牠都經常會在羊毛毯上打滾，或縮成一團休息，看起來很舒服的樣子，貓很知道什麼是質料好的東西呢。」　⓮「GURI一般都是在廚房吃飯，但這天剛好打掃，所以才在客廳吃。」發揮玩心，把飼料放在魚型器皿中這點也很別出心裁。

以自然風統一室內設計，並把「比起外觀更重視貓的安全」作為布置房間時的原則。

哪裡都好舒適喵！

以貓為中心，重視
距離感的自然風房間

　　GOISHI曾在大量飼養的惡劣環境下生活過1年，而後大約是在1年前被用戶hemuko收養。hemuko表示：「雖然牠很親人，但有很多不良行為。」帶著這樣的煩惱，飼主們一邊諮詢獸醫，一邊不斷嘗試找出能讓貓咪安心度日的方法，感覺這一家過著的是以貓咪為重心的幸福生活。

Room No. 556886

hemuko

- 坪數：2LDK
- 家族成員：夫婦＋1貓

🐱 GOISHI（mix）♂・推測2歲

DIY
建議

1 這座平衡木是DIY製成，支腳採用4根80cm的2×4木材；貓咪行走的部分則是1根120cm的2×4木材。「裁切是請大型綜合商場代勞，顏色則是買大創的牛奶漆來上色。」
2 寬度剛好能讓貓咪在上面型走！

利用5根2×4的木材
打造貓用平衡木！

窗邊的貓跳台
是貓咪最喜歡的瞭望台

3 使平衡木到貓跳台的路徑，充滿歡樂的遊樂設施感！
4 從窗邊的貓跳台眺望屋外是GOISHI的每日行程。「我在廚房做家事的時候，也經常會跟牠對到眼。」

23

這個巧思能預防
貓咪惡作劇＆誤飲！

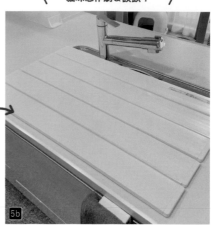

5a

5b

5c

水槽與ＩＨ電磁爐設置蓋板

以貓咪安全為第一優先

5a 5b 5c「自從設置水槽蓋板後，就再也沒發生貓咪對水槽裡的待洗餐盤搗亂等意外了。而我以前還每天都在擔心貓會被燙傷，這塊IH電磁爐蓋板真是買對了！不鏽鋼製的材質就算弄髒也很快就能擦乾淨。」再也不用擔心貓咪誤飲、誤食或燙傷，hemuko 自己感覺好像也輕鬆不少。

蔬菜托盤變成的床

是廚房監工專屬的寶座！

6

6「因為貓咪愛上了冰箱的蔬菜托盤，於是我就那樣把它變成貓床了。牠每天都會在這裡舒服地午睡。」

與貓享受生活的訣竅❷

利用桌墊與隔尿墊
全方位阻隔失禁的大小便！

7

7 用隔尿墊來防範貓咪在床上排泄的問題。「我們聽從獸醫師的建議，先在床墊鋪上透明長型桌墊，再鋪上保潔墊與床罩，最後再鋪上嬰兒用的隔尿墊。」聽說現在失禁的問題已經獲得解決，但這家人還是會這樣鋪著以防萬一。

今天要選什麼點心好喵？

感覺這裡面好像會有寶藏♪

8

― Comment ―

加藤老師的評價

人和貓若想一起愉快地生活，就必須多花點心思。hemuko用戶的家裡就處處別有用心。當遇到困難時，希望大家都能像hemuko一樣，動腦筋解決問題。而且最重要的是，就算一招不行也不要放棄，應繼續思考其他對策，不停地去嘗試。相信在不斷腦筋急轉彎後，必定能找到解決之道。此外，這樣的過程也能讓我們更深刻地了解貓這種動物。

8 把宜得利的附門彩色櫃倒放，當作收納點心地方。「立著放會在與牆壁產生的縫隙間積灰塵，所以我才把它倒放。裡面還有用大創的展示支架與儲物箱加以整理收納，但我覺得還有改善的空間。」

地上不擺太多東西
打造容易打掃的空間

備用廁所
被我拿來當床了喵。

⑨ 洗好曬乾的棉被收進來後是擺在暖桌上。　⑩「貓在上面打滾的話會掉很多毛，但當我用黏毛滾輪打掃時，牠就會啃咬或驅趕我，可還是得掃！」⑪ 客廳是絕佳的午睡區。落地窗加裝紗窗不但能通風還能防蟲，避免夏天蚊蟲入侵。

與貓享受生活的訣竅❸

使用附蓋收納箱

防止貓咪搗蛋！

🔢彩色櫃倒放前的照片。「乾食、濕食、餵藥輔助飼料（Pill Assist）、點心與貓用雜貨等，裡面用4個內盒劃分，方便收納、拿取。」

🔢「好像只要遇到軟綿綿的東西牠就會想上廁所，所以這孩子來到我們家的前1個半月，我的床就是貓廁所……。但當我買了這塊地毯鋪好後，牠就馬上跑來上大號，而後從那時起，這塊地毯就成了貓廁所，牠再也不會跑到床上排泄了。」據說GOISHI現在小號是在貓砂盆裡，大號則是在地毯上解決。

量身打造的巧思讓我每天都過得很舒適喵！

也是有貓習慣把地毯當廁所！

自己就能 DIY 的理想貓咪 GOODS

愛書人憧憬的收納法

與為貓著想的空間設計並存

窗前的矮櫃是很受歡迎的景點，貓咪們會為了欣賞窗外聚在那裡，房間裡的照明與雜貨則都採北歐風。

融入北歐風裝潢的
特製貓爬柱、
貓步道 & 貓爬架

　　shizi195的家裡充滿了手工的貓步道、貓爬架等各式家具。尤其那座「看似簡單但做起來意外困難」的貓爬柱最受貓咪們的喜愛。不只shizi195自己養的貓，就連中途貓咪也都很捧場，感覺牠們在離開這裡時，各個都會是運動能力、體力超群且渾身肌肉的健康優等貓。

Room No. 166838

shizi 195

🐾 KANAE（mix）♀・推測6歲
🐾 TAMAE（mix）♀・推測6歲
🐾 MARU（mix）♀・推測5歲
🐾 SHIPIO（mix）♂・推測9個月

1 空中貓步道是貓咪們喜愛的場所，而貓咪們也喜歡在廚房與飯廳間的階梯狀貓步道上，守望烹飪中的飼主。　**2** 橫跨飯廳與客廳的板狀貓步道是後來增設的旁路，從步道縫隙一窺貓咪毛茸茸的肚皮是一大樂趣。而貓咪們也喜歡飼主從下方揮動逗貓棒與牠們玩耍。　**3** 梯狀貓步道不但美觀，還能當成書櫃使用。

家中的柱子
變成貓抓柱了喵！

Comment

加藤老師的評價
貓階梯造型的書架非常棒，但我更佩服把整根柱子變成貓抓柱的創意，雖然耗損時，重綁可能會有點辛苦。

附磨爪功能的貓爬柱

〉 附磨爪功能的貓爬柱的做法 〈

●材料　·麻繩　·U型釘
●所需時間　·半日　●費用　1萬日圓

剪下約
20m

分散次纏繞！

由下而上

① 在家中既有的柱子纏上麻繩。

U型釘

嵌入繩頭

敲打固定釘子

② 以釘子固定繩頭。

反覆
步驟①②
共5次

③ 反覆上述步驟約5次。

貓咪們使用這根柱子時，我真的很開心！因為太受歡迎，麻繩已經出現脫線。而我對這根柱子最滿意的地方是，貓咪們幾乎不會在你不希望的地方亂抓了。

貓床

抱著讓貓咪們能多個地方放鬆的想法，我努力製作了這張床，因此當牠們進到這張床裡睡覺時，我打從心底地十分感動。

╳ 貓床的做法 ╳

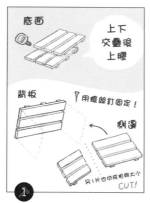

① 將 2 片棧板交疊做成床的底面，再用接著劑黏合。接著用 2 片裁成 30cm 的棧板製作側邊，並以螺絲釘固定於背板上。

② 將底面嵌入床的框架後，用螺絲釘固定。拆下棧板的 2 片木板架在床的正面，然後用 L 型零件將其與側邊的棧板相接。

③ 用能守護貓健康的牛奶漆上色。被鋪用生活百貨店販售的枕頭與枕套，調整枕頭中的棉花量來調整高度後就完成了。

●材料
· 衣櫃用棧板 6 片
· 牛奶漆（以牛奶為原料的塗料）
· L 型零件 2 個　· 螺絲釘 18 根
· 枕頭　· 枕套
●所需時間　· 2 小時（不含塗料乾燥時間）
●費用　· 1,500 日圓

Room No. 4799436

kiyomi

🐱 KURI（蘇格蘭摺耳貓）♂ · 3 歲
🐱 SARA（蘇格蘭摺耳貓）♀ · 3 歲

漂流木貓跳台

當貓願意爬上去時，我鬆了一口氣。DIY
的妙趣就在於，在完成前你永遠不會知道
你辛苦製作的東西貓會不會使用。

〉 漂流木貓跳台的做法 〈

1 用安裝鋼刷的電鑽清潔漂流木，接著將漂流木切割成適合房間的尺寸。

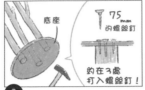

2 約在3處使用75mm的螺絲釘，把漂流木固定在底座上。每根漂流木都要重複這個步驟。

3 配合漂流木的粗度切割踏板。由2根漂流木包夾的踏板則以原本的形狀固定。

4 調整好踏板後，用光澤感很受歡迎油性木器著色劑來上色。

5 用螺絲釘固定好踏板後，利用螺絲鉤把貓跳台安裝於壁面，並調整鋼索位置。

6 將棉線纏在漂流木上，這樣不僅能讓貓更容易攀爬，遊玩時的姿態也很可愛。

●材料
・漂流木3根
・木器著色劑
・圓形木板（踏板）7片
・底座1片
・螺絲釘55根
・吊圖鋼索2條　・鋼索緊固件
・螺絲鉤4個　・棉線
●所需時間
・1天（不含塗料乾燥時間）
●費用
・2～3萬日圓

Room No.923559

icb

🐈 Tomato（mix）♂・4歲

🐈 Lettuce（mix）♀・4歲

🐈 Bacon（mix）♀・2歲

腳架支撐調節器貓跳台

我製作了這座貓跳台，還安裝了防逃網，讓貓咪們也能感受外面的空氣。在完成的瞬間，牠們就馬上爬了上去，我真的非常感動。

﹥ 腳架支撐調節器貓跳台的做法 ﹤

CUT!

①

丈量設置場所的尺寸並繪製設計圖，決定棚架的位置與長度後，請大型綜合商場幫忙裁切尺寸。

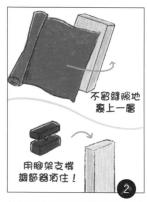

不留縫隙地裹上一層

用腳架支撐調節器頂住！

②

把按照支柱與棚架裁切的翻新貼紙整個貼滿。接著利用腳架支撐調節器把2×4的木材頂入窗框，製造支柱。

以L型支架固定

用束帶把鋼網與柱子固定。

防止脫逃！

③

把棚架用L型支架安裝在支柱上，接著利用束帶把鋼網固定於支柱背側，製成防逃網。

●材料
・2×4木材（支柱）3根
・腳架支撐調節器（LABRICO JOINT）
・1×10木材（棚架）5片
・L型支架10個　・鋼網
・束帶　・翻新貼紙
●所需時間　・3～5小時
●費用　・1萬日圓

Room No. 4408021

maru_hiro 709

🐾 芝麻（mix）♂・2歲
🐾 杏子（mix）♀・2歲

房屋造型碗架

上面一層是放替換器皿的空間，下面則保留了能放得下箱子高度，並配合貓咪容易進食的高度進行微調。

╲ 房屋造型碗架的做法 ╱

① 用砂紙打磨木材後，塗上木器著色劑。在上棚架構件塗上牛奶漆並待其乾燥，接著在屋頂三角部雕出磚牆紋路。

② 以90°角組裝屋頂構件，並用4根螺絲釘加以固定，而後在屋頂的頂部及兩側用接著劑黏上飾板。

③ 將雕有磚牆紋路的屋頂三角部對準頂點後，用接著劑確實牢以免掉落。

④ 把下棚架放在離地約18cm的位置後，於各處以螺絲釘固定。高度應配合貓咪的身高與大小進行微調。

⑤ 把上棚架用螺絲釘固定於壁面構件上。由於在安裝屋頂構件時會碰到上棚架，應將上棚架上方的兩側邊角各削去45°角，以便密合安裝。

⑥ 把用飾板製作的名牌用圖釘（釘子或螺絲釘也可）固定在屋頂三角部。最後在下棚架鋪上餐巾紙就完成了。

●材料
・屋頂構件　・補強用飾板
・上棚架構件　・下棚架構件
・壁面構件　・螺絲釘48根
・木工用接著劑　・牛奶漆
・木器著色劑　・餐巾紙
●所需時間　・3小時（不含塗料乾燥時間）
●費用　・2,000～2,500日圓

Room No. 5087126

KURO

🐱 KUROE（mix）♀ ・1歲3個月

貓用出入口

這裡採用旋轉門式的設計，希望貓咪只需用頭部輕推就能通過。在貓的面前由人用手推過去一次後，那牠馬上就學會怎麼使用了。

〉 貓用出入口的做法 〈

製作2個門框

在牆上鑿洞！

用膠合板填補洞的側面。

1

切割方材後上膠，製作出2個門框。在牆上鑿洞，嵌入門框後，用膠合板填滿門框與洞的間隙。

鑿出孔洞後，插上鋼琴線來確認長度。

刻出溝槽並讓鋼琴線通過。

蓋上另一片門板以蓋住鋼琴線。

2

切割杉板，製作2扇門板。於旋轉門的中心（牆上）鑿孔後，穿過鋼琴線。在一邊門板的背面刻出溝槽，讓鋼琴線通過後，蓋上另一邊的門板並封住。

塗上喜歡的顏色。

可選用自己喜歡的小物！

安裝門把!!

門框

螺絲釘

利用磁鐵防止晃動

3

於門框下方安裝磁鐵，並在門板下方打入螺絲釘，讓其能夠吸住固定。將門框塗上喜歡的顏色，最後再裝上門把就完成了。

●材料
・方材　2片　　・杉板　2片
・膠合板　　・門把　1個
・磁鐵　2個　　・鋼琴線　1根
・塗料　　・接著劑
●所需時間
・20小時（不含塗料乾燥時間）
●費用　　・1萬日圓

Room No. 412753

orange-toast

🐱 SORA（mix）♂・15歲

西洋精裝書貓踏板

因為市售產品沒有我喜歡的風格，加上我覺得讓西洋書籍浮在空中的設計很不錯，於是便開始動手製作。

西洋精裝書貓踏板的做法

用隱形書架夾住書背後，闔上書本。

選擇表面不會滑的西洋書！

①

準備表面未加工的西洋書，以免貓咪滑倒受傷。於牆上安裝隱形書架，固定書本。

書打開會很危險…

用腰帶或接著劑確實黏死

②

用強力雙面膠或接著劑將書本牢牢黏死，避免貓咪跳上跳下時，書本打開或位移。

有必要時應　補強

← L型零件

更安心！

③

安裝時，應留意要將螺絲釘固定在間柱等有基底的牆面上，以免發生意外或牆面損壞。必要時也可另外加裝L型零件等來補強。

●材料
・西洋書數本　・雙面膠
・隱形書架（專用零件）
・L型零件　・螺絲釘
●所需時間
・約10分鐘
●費用　・1萬～1萬5千日圓

Room No. 422579

kinako

🐾 KINAKO（mix）♂・7歲
🐾 ANKO（mix）♀・7歲

相親相愛♡

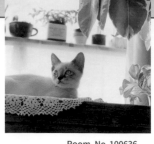

COLUMN
曬貓專區
Part ❶

Room No. 100636
8717 indanchi
在窗邊曬太陽，看起來
非常舒服。

Room No. 5907792
akemi
BURAN 與 REO，和睦的
雙貓照令人會心一笑♡

Room No. 258839
akane
貓在樓梯上時，總讓人
忍不住想按下快門。

Room No. 1190517
amenbo
寢室也是貓愛待的地方。

Room No. 855428 chatnoir
在貓跳台的固定位置上監視外面的兩
隻貓咪。

外面看起來
很冷呢。

Room No. 4677672 Blackcat
在窗邊的貓跳台看著外面，然後不知不
覺睡著了。

Room No. 1871059
Dahlia
夏天一定會在客廳的沙發上納涼。

Room No. 4944323 **hiromin**
貓也會把電視型貓抓箱當作休憩的空間。

Room No. 3408211 **eri**
黑白花紋的貓與燈具顏色很搭。

Room No. 712678 **hiha**
在貓抓盆中擺出拍照姿勢，裝酷的表情
超可愛！

\ zzz /

Room No. 4640495
glass
夏天在材質涼爽的布
料上打盹。

想睡了……

Room No. 5751905 **fuku**
在陽台休息中。超舒服的♪

啊、
歡迎回來～

Room No. 5851258
harumiwa 228
從貓跳台的洞口偷窺♡靠著
下巴的模樣好可愛！

咦、
有點心嗎？

Room No. 758476
kaede
窗邊是貓咪們的休憩地點。

Room No. 299722
Hisashi
肚皮朝天！毛茸茸的毛皮
讓人好想摸一把～

Room No. 5341472
kajikissa
圖片搭配文字「來讀
一下買的書吧」。

Room No. 5066079
Karin
要不要買新鮮蔬菜啊？
哎呀、你是誰！

Room No. 1470475
ken.kawakami
在復古時尚配件中一臉凜
然☆

Room No. 2406606
koyurizu
玻璃燭台插上人造花後變
身花瓶。

這個姿勢
很舒服呢。

Room No. 1844609
Kjmaeda
躺在走廊睡覺的咪咪
們，今天不知道為什
麼是這個姿勢。

Part 2

在 RoomClip 發現的
質感貓空間

conmichan

heart.emiemi57.
white

megu.cat

taka-ki

SHIHO

paradise_view

tansuke

mayumi

yuu

jiji

slow-life

Maru

shiii

sumishouse

tina_sa_0

mako2ya

Kikko.

me

neo

由 19 位用戶
打造的貓咪放鬆
質感空間大公開！

簡約之中又帶有時尚巧思的舒適空間

貓步道兼電視櫃是在翻新時打造的內裝。「當初雖然也有考慮結合多項功能的設計，但最後我們還是選擇了材料費最便宜的簡約款式。」

首重貓咪生活的舒適＆安全！
溫暖氛圍的木質房間

　　conmichan用戶是雙薪家庭，因此兩人經常不在家，白天都是由兩隻貓兄弟相親相愛地顧家。「因為我們希望能打造隨生活愈來愈有韻味的房間，在裝潢時無論是裝飾材料還是家具都以原木為主。而貓咪用品我們也盡量用木材手工製作，好融入房間的風格中。」

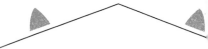

Room No.1394977

conmichan

● 坪數：2LDK

● 家族成員：夫婦＋2貓

🐱 MAME吉（mix）♂・2歲

🐱 KOTETUS（mix）♂・2歲

DIY
建議

1a

DIY
建議

1b

1a **2b** 把電視等設備的配線隱藏收納在貓踏板下方，這樣貓咪們就不會去玩電線，還能避免發生意外。「貓咪們每天都會爬到貓踏板上眺望窗外，或是在上面玩追逐遊戲。」 **2** 從貓步道的邊角能將整個客廳盡收眼底。 **3**「觀葉植物我會擺在貓上不去棚架，或是吊起來，又或者蓋上蓋板等來防止貓咪亂刨土。」

Close Up

無論何處
都能悠然自得喵。

3

2

4 從客廳望出去的景象，好似一幅風景畫。 5 有些膽小的KOTETUS（右）與親人的MAME吉（左）彼此保持剛好的距離在客廳的地板上休息。

4

5

6b

6c

6a 6b 6c 6d 客廳設置的收納層架出男主人之手。「用來收納玩具類用品的盒子是我自己把吐司模具上色後製作而成，其他玩具也會收在籃子中掩人耳目。棚架柱腳纏的線本來是想當成磨爪柱，可惜貓咪們沒有使用（笑）。」

6d

與貓享受生活的訣竅❶

6a

與貓享受生活的訣竅❷

不擺東西的廚房吧檯
還能作為貓步道

7 廚房盡量不擺東西，調味料等盡量擺在貓咪搆不到的架子上。「電磁爐設有兒童安全鎖。」 **8** 「為了不讓貓咪亂玩電線，沒在使用時我們都會拔掉插頭。」 **9** 貓飼料放在野田琺瑯的漬物用容器中。「附內蓋的設計便於防潮。」 **10** 廚房吧檯下用來收納垃圾桶。「貓會把垃圾桶拉出來，所以加裝了鬆緊帶來阻擋。」 **11** 吧檯上不放東西，因此也很適合讓貓在上面午睡。

⟩ Comment ⟨

加藤老師的評價
這位用戶完美詮釋了「整面牆的裝飾架上有貓步道也有貓」的概念，這樣的設計十分美麗又巧妙。

設置大量貓抓用品
防止貓咪在沙發磨爪

12 「B COMPANY的矮凳很便宜，我把它拿來當成貓抓用品，和帶框的手工貓抓板一起放在沙發旁來防止貓咪在沙發亂抓。」 **13** 沙發上也是貓咪們很喜歡的地方，他們會像這樣趴臥著占領。

DIY
建議

在市售貓抓板上
加裝手工木框

14 廚房吧檯下方也有擺貓抓板。「因為找不到與房間風格相襯的瓦楞紙製貓抓板，於是我做了一個木框後把板子放進去，用舊了就只需替換裡面的板子。」 **15 16 17** 手工碗架是先來的貓留下的用品。「以前飼料碗與水碗都是放在這個碗架上，但變成兩隻貓後，又做了2個水碗架。」

DIY
建議

DIY
建議

一邊欣賞窗外
一邊曬太陽！

18 窗邊的IKEA床框上，擺著大型綜合商場買的墊子。「這裡是MAME吉的寶座。」

環境太舒適了，我到哪都能睡喵！

DIY
建議

19

貓咪用品也以自然系

配色帶出整體感

20

19 觀葉植物的花盆上設有飼主自
行挖洞製作的護蓋，能防止貓咪
亂刨土。「護蓋有對切，很容易設
置。」　**20** 銜接客廳的房間內有貓
廁所、貓抓板與印地安帳篷。除
此之外沒有放置多餘的物品，空
間簡潔美觀。

21

桌子周邊也很清爽

營造看不見雜物的小天地

DIY
建議

22

23

24

男主人收集嗜好的棚架

現在也開放給貓咪玩耍

21 絕不在作業桌上放置物品是鐵律。　**22** 做木工的男
主人大展身手，用膠合板手工製作了貓廁所的外罩。
大型窗口方便查看裡面的情況，出入口也很容易進出。
23「印地安帳篷是在 3 COINS 花 1000 日圓購置。貓咪
們也會在這裡小憩。」**24** 彰顯男主人嗜好的唱片架，
也變成了貓咪的遊樂場，就算牠們偶爾碰掉幾片唱片也讓
人覺得很可愛。

家具與貓咪用品都統一使用白色

營造沒有壓迫感的開闊空間

「為了打造一個能看得見外面的放鬆空間，我在房梁下安裝了透明的貓步道。」從下方可以看見肉球，就算貓咪折手坐，也能看清四肢的位置。

手動組合兼容市售品
DIY 演繹空間的寬敞感

　　heart.emiemi 57 .white 的家以白色為基調，貓咪用品也全都用白色統一，整體充滿明亮開闊的感覺。「家裡迎來一隻貓後，感覺好像又多了個孩子，牠是我們重要的家人。貓需要的生活用品，老公都會幫忙 DIY。」可以感受到這家人在生活中，對貓傾注了許多愛意。

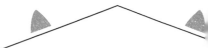

Room No. 775065

heart.emiemi 57 .white

● 坪數：2LDK

● 家族成員：3人家庭＋1貓

🐾 HARU（mix）♀ 2歲

手工層架是收納處

也是貓的遊戲區

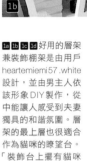

1a

1b

1a **1b** **1c** **1d** 好用的層架兼裝飾棚架是由用戶 heartemiemi57_white 設計，並由男主人依該形象 DIY 製作，從中能讓人感受到夫妻獨具的和諧氛圍。層架的最上層也很適合作為貓咪的瞭望台。「裝飾台上擺有貓咪喜歡的玩具等，以展示的型態來收納。」

1c

1d

HALU

2a

DIY
建議

2b

2a **2b** 碗架也是出自男主人之手。名字採鏤空雕刻，漆成白色的頂板上還加裝了一塊壓克力板，不僅能防汙，清潔也更方便。碗架設置於層架下，打造貓咪的用餐區。

可愛的房間讓本喵心情超讚！

47

從下方仰望也樂趣十足的
透明貓步道

3a 壓克力板製成的貓步道沒有壓迫感，房間也顯得更加開闊。 **3b** 這棟用木板組成的家屋也是用戶DIY的傑作。「不過貓不太常使用它。」 **3c** **3d** 貓步道的材料是木板、壓克力板、鋁管、鋁槽、螺母與墊圈。「先於天花板吊上鋁管，接著再用墊圈與螺母安裝壓克力板，材料全都是在大型綜合商場CAINZ購買。」

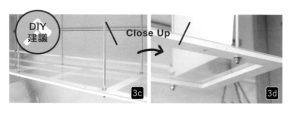

Close Up

4 從下方仰望到的肉球與絨毛是幸福的風景。

與貓享受生活的訣竅❷

貓咪用品也以白色系搭配
避免顏色過於雜亂！

5 貓咪的尿布墊與儲備飼料等，都收納在男主人製作的櫥櫃中。附門的設計，讓外觀看起來很俐落！ **6** 貓咪的玩具和帳篷等用品也都選用白色或是灰色系來搭配，營造整體感。

48

7 手工展示櫃旁有一個密封玻璃罐，將貓飼料放在裡面便能防潮保存。

OPEN

與貓享受生活的訣竅❸

8a 8b 美甲類小物收納於手工盒內防止貓咪惡作劇。
9 貓點心藏在生活百貨店賣的黏土收納盒中。「只要聽到這個盒子的聲音，貓就會衝出來。」

放進盒子裡，看起來也就清爽了喵！

Comment

加藤老師的評價
顏色全部用白色系統一的房間既時髦又有品味，而透明的貓步道也更彰顯了白色這個統一色，總之這樣的配色真的看起來非常有質感。

在白色基調中增添黑色
創造明亮的黑白風客廳

10 客廳基本上也用白色系的內裝加以統一。「我只要一坐在沙發上，貓就會跑到我的膝蓋上熟睡。」

與貓享受生活的訣竅❹

11 客廳深處設有磨爪區。「手持吸塵器擺在馬上就能拿出來的位置，方便快速清理掉毛或灰塵。」**12a** **12b** 在桌子下方擺上電毯改造成暖桌。 **13** 「宜得利的地毯超好用，貓的掉毛在上面不會很明顯，也不容易髒！」

沙發底下
也是我的藏身處喵！

廚房設有防闖入柵欄

以免貓咪燙傷或誤飲

DIY廚房水槽護蓋

防止貓咪惡作劇

15

16

14

🔢 按照水槽尺寸製作護蓋，預防貓咪搗蛋或誤飲。 🔢 煮飯時，用戶會在廚房入口設置柵欄，阻止貓咪跑進廚房。「我們家的孩子不會跳上來，所以這個高度就已足夠。」 🔢 兼具防災功能的寵物外出袋掛在容易拿取的地方。

heart has harmony

17a

18

17b

🔢🔢 貓砂收納在生活百貨店買的圓柱籃內。「這樣就算擺在看得見的地方也不會覺得不協調，非常方便。」 🔢「我在更衣室等地點也都有準備飲水，努力讓貓咪能多喝水。」 🔢玄關設有防脫逃柵門。「不用時可摺疊收納於牆邊。」

DIY建議

利用手工防脫逃柵門

防止貓咪出入玄關

19

貓在跳台自在放鬆的景象
簡直像一棵「產貓樹」

在這個空間裡，貓咪彼此留心的同時，又能隨心所欲的生活。「貓咪們每天都會從貓跳台跳到牆上的貓踏板，或是在窗邊午睡曬太陽♡」

人貓都能隨心所欲
共居共享的生活空間

與5隻貓共同生活的megu.cat用戶家中，充滿了人貓能過得舒適的用心細節。可以看出這位用戶在一邊瞭解貓咪習性的同時，一邊不斷嘗試實現「就算養貓，生活也希望能被喜愛事物環繞」的理念。「正因為有貓，讓我更常思考室內擺設。我會選擇便宜又好看的東西，這樣就不用擔心被弄壞。」

Room No. 1300485

megu.cat

● 坪數：4LDK

● 家族成員：夫婦+5貓

🐱 PESU（曼赤肯貓）♂・8歲

🐱 SAKURA（曼赤肯貓）♀・8歲

🐱 TETE（阿比西尼亞貓）♂・5歲

🐱 TAROSAN（孟加拉貓）♂・4歲

🐱 TOME（品種不明）♀・推測4歲

❶ 為防止貓咪亂抓兼除臭，牆面是用戶用漆喰塗料 DIY 粉刷。　❷「圖片右下那隻貪吃鬼貓會爬到吧檯上，所以廚房都隱形收納。」　❸ 統合房間整體氛圍，貓跳台與貓步道都選用白色木材帶出整體感。

讓貓擁有好心情的生活技巧

廚房是我的最愛♡
瘦巴巴的貪吃鬼就是我喵！

以北歐色系為基調
溫馨又愜意空間

DIY 建議

蓋上愛貓的掌印，紀念廚房吧檯翻新。

巨大貓籠是用從生活百貨店購買的材料製作，利用柵欄與束帶，達成了節省成本的 DIY。

DIY 建議

—— Comment ——

加藤老師的評價

手工貓籠的創意令人耳目一新。只要能兼具堅固與美觀，這個做法其實是可行的，我真的很驚訝。

挑高的客廳
是貓咪們絕佳的遊樂場

貓踏板會銜接到房梁，再往上還能通往2樓的貓房間。「只有1處貓踏板改成棚架，現在用來裝飾之前過世的貓的塑像。」

木工DIY改造房子
讓貓過得更愜意

　　taka-ki表示：「雖然這是二手物件，但這棟挑高的訂建住宅，讓我能想像在這與貓的生活會比住在公寓更舒適，於是便決定買下。」為解決貓咪運動不足的問題，橫跨挑高房梁的壓克力板貓步道，還有與之銜接的貓跳板等都是裝潢的亮點！

Room No. 4263102

taka-ki

● 坪數：3LDK

● 家族成員：獨居＋2貓

🐱 MEI（mix）♀・8歲

🐱 KUU（mix）♂・5歲

最幸福的風景就在這裡！

一抬頭就有貓♡

讓貓擁有好心情的
生活技巧

1 貓姊弟倆一臉傲人地占領著貓步道。「製作時我是用木材夾住壓克力板後，架在2根房梁之間。」
2 KUU 很喜歡在這裡睡覺。「從客廳的沙發仰望，肉球全都一覽無餘♡」

\ Comment /

加藤老師的評價
經典貓步道和木質調的房屋非常相襯，氛圍宛如一間精緻的小木屋。不過，位於高處的貓步道也要認真思考清潔的方法呢。

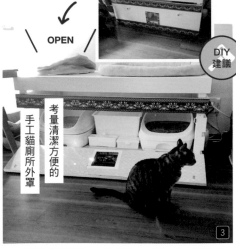

OPEN

DIY
建議

考量清潔方便的
手工貓廁所外罩

3 貓廁所的外罩是用 1×4 的木材手工製作。「門採前開式，上面還設有能當成床鋪的蓋板，裡面的地板則鋪有地墊方便清潔。」
4 利用不用的凳子建造的貓咪餵食區。「自動餵食器在我晚歸或出差時便能派上用場。」

我家真的超舒服，
到哪都好睡喵♡

DIY
建議

繽紛的色彩搭配
構成自然又活潑的風格！

利用形象源於大自然花葉的黃色與綠色來搭配室內陳設，貓咪們的用品也是由飼主DIY製作後上漆。

想看到寵物自在的模樣
毛孩優先的繽紛設計

由4人家庭和3隻貓、1隻狗與1隻金龜組成的熱鬧大家庭。SHIHO用戶表示：「為了不讓貓咪搞破壞或惡作劇，我們家重新規劃了收納，還丟掉不需要的東西。我們發現動物們是療癒人心的存在，是牠們讓我們體認到許多事物。」看到寵物們自在生活的模樣，應該沒有比這更幸福的事情了。

Room No.523852

SHIHO

● 坪數：3LDK

● 家族成員：4人家庭＋3貓＋狗
　＋金龜

🐾 七夕（mix）♂・4歲

🐾 琥珀（mix）♂・5歲

🐾 冬獅郎（mix）♂・3歲

1 貓步道＆貓跳台是用 DIAWALL 腳架支撐調節器與 2×4 的木材 DIY 製作。「寵物外出籠就那樣放置，方便在發生災害時，能隨時把貓裝進去。」 **2** 寢室窗邊是貓咪們的休憩區。「桌子下方用來收納尿布墊與儲備貓砂。」

Close Up

以棧板DIY製作

防惡作劇的巧妙設計

我們最喜歡調皮搗蛋了喵♡

DIY 建議

DIY 建議

DIY 建議

牆上隨處都有用 L 型零件安裝的貓步道，以防貓咪在家裡運動量不足。能通往庭院的窗戶有安裝棧板來防止貓咪脫逃。「只有窗戶把手處的棧板是做成可開式的。」

廚房收納加裝蓋板，防範貓咪搗亂。「垃圾桶等貓咪會搗亂的地方都用棧板製成的門擋住。」

\ Comment /

加藤老師的評價

可以看出用戶在思考室內設計時，是以作業效率為首要條件，不僅在顏色和形狀上做統一，就連有效的作業動線上也有加以統合。

貓咪喜愛的東西一應俱全

容易維護的貓咪房

房屋的2樓是貓咪房。「牆壁是用漆喰塗料粉刷，不怕貓咪磨爪，還能吸臭。地板地墊具有防滑功能，就算貓咪暴走也沒問題！」

機能完善的二樓
令人驚豔的貓咪房

房屋改建自屋齡約100年的日式老宅，用戶透過DIY，成功打造出活動量大的索馬利貓也能自在生活的房間。「內部裝潢是以白牆為基調，以前用的舊家具也進行翻新&DIY。照明與地毯則選用土耳其製的產品，營造地中海風情。」

Room No.3577834

paradise_view

● 坪數：4LDK

● 家族成員：3人家庭＋2貓＋觀賞魚

🐱 LISA（索馬利貓）♀ ・10個月

🐱 JYORUNO（索馬利貓）♂ ・6個月

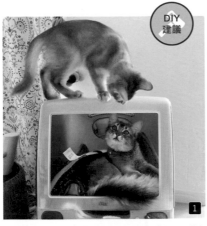

DIY
建議

是貓咪們的王位！

DIY
建議

陽光充足的空間

1 拆掉舊 iMac 的內裝，變身貓用床鋪。「在裡面鋪上毛巾後，那裡就變成牠們喜歡待的地方了。」
2 貓房間中的貓踏板是用戶 DIY 手工製作，從貓踏板能望見窗外風景，位置非常舒適！

讓貓擁有好心情的
生活技巧

陽台也有安裝柵欄

是能安心遊憩的空間

3 在陽台裝設格子籬笆，製造能讓貓咪到陽台曬曬太陽的空間。　**4**「索馬利貓很喜歡水，圖片是牠們正在玩弄浮在洗臉盆的閃亮玩具。」　**5** 設置在挑高處上方的防脫逃柵門。「如果牠們爬到挑高處的扶手掉下來會有危險，我自行用方材製作了這扇柵門。」

— Comment —

加藤老師的評價
雖說打造貓房間時，一切只需以貓為本位即可，但人也會想在貓房間放鬆休息，所以室內設計還是有其必要。

房間好多地方可以玩，
超開心的喵！

There's no need to rush
You are the sum of your small steps.

貓與室內裝潢
形成一幅美麗畫作

TANSUKE CHACHA

BAG

1 客廳牆壁用牆面裝飾貼紙加以點綴。 **2**「為了在不添購家具的前提下妝點貓咪區，我運用紙膠帶來裝飾，這樣還能隨心情更換圖樣。」 **3** 貓咪的床鋪與磨爪區也美得像幅畫。 **4** 把喜歡的照片變成掛畫展示。「我選擇的是nocoso公司的四方形掛畫產品，無須鑽洞就能裝飾畫作，就算是租屋處也不用擔心。」

細節面面俱到
簡約中帶有巧思的布置

　　tansuke用戶的房間怎麼看都充滿了對貓的愛，房間主題「TANCYACYA House」更是取自兩隻貓的名字！「家裡雖裝飾著許多TANSUKE與CYACYA的照片與小物，但全都是以黑白色系統一，且家具也以少量和極簡風統合。」

Room No. 444594

tansuke

● 坪數：2LDK

● 家族成員：夫妻＋2貓

😺 TANSUKE
　　（蘇格蘭摺耳貓）♂ ・6歲

😺 CYACYA
　　（蘇格蘭摺耳貓）♂ ・4歲

在白牆上貼出背景

密技是利用紙膠帶

讓貓擁有好心情的
生活技巧

5

加藤老師的評價

雖是可有可無的東西，但如果做起來快樂又滿足，那麼做了也無妨！就算貓咪不賞光，也能當成室內擺設的一環。

5 貓跳台、貓床與貓廁所區。「牆上有用黑色紙膠帶貼成的山形圖案。」 **6** 寢室牆上是用較粗的紙膠帶貼出家屋的形狀。「紙膠帶很容易撕除，能輕鬆配合萬聖節等節日增添裝飾。」 **7** 寢室中A0大小的裱框貓咪海報是房間的主角。

6

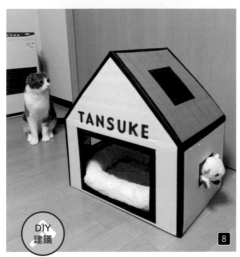

DIY
建議

8

8 用紙膠帶把瓦楞紙利利組裝成家屋形狀後，就是棟獨一無二貓屋。「貓咪的名字是用貼紙。」

7

利用大型海報

點綴房間！

好多手工室內擺設好開心喵！

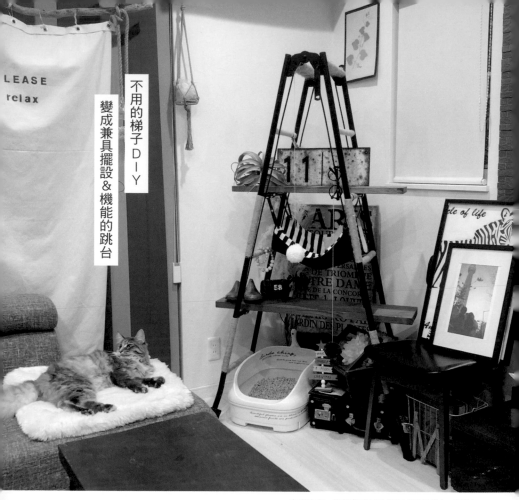

不用的梯子DIY
變成兼具擺設＆機能的跳台

客廳中有一座用舊梯子改造而成的貓跳台。「我在感覺貓咪會去碰的地方纏上麻繩，並把板子固定於梯子上，而吊床也是手工製作。」

一邊享受一邊構思
輕輕鬆鬆的微改造

　　mayumi用戶的家中充滿復古的沉穩氣氛，而這個家最重視的，是讓膽小的貓咪有能安全愜意待著的地方和能迅速遁逃的場所。「我很喜歡動手製作各種東西，從客廳貓跳台周邊環境開始，就連和室也是自行翻修成方便貓咪生活的空間。」

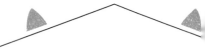

Room No. 1547508

mayumi

●坪數：5LDK

●家族成員：5人家庭+1貓

🐾 琥珀琥珀（緬因貓）♀ ・2歲

讓貓擁有好心情的
生活技巧

和室DIY鋪設地板材料

讓打掃更輕鬆

1 在廚房休息的琥珀與室內擺設融為一體，景象很有意境。　**2** 在庭院中曬太陽。「散步時或天氣溫暖的時期，牠都會在這裡打滾。」　**3** 在和室鋪設地板材料，改造成西式房間。「在和室黏貼地板材料，讓清潔散落的貓砂或貓咪嘔吐物變得更容易。貓籠內部也加以改造，裡面吊著毛球，還設有貓抓板等用品。」

DIY
建議

貓咪能放心躲藏的
帳棚型安全區

「印地安帳篷的製作方式是先在5根圓棒上裹上布料後，再用生活百貨店的繩子紮緊。」

DIY
建議

「我找不到符合琥珀巨大體型的碗架，所以便自己動手。此外，我還有製作下方的托盤，這樣就不用心地板被弄髒。」

高處讓本喵很放鬆喵！

—— Comment ——

加藤老師的評價
用戶的巧思都是以「貓咪會經常使用」為出發點。
我認為梯子上還能再組合各種東西，希望這位用戶能繼續嘗試，挑戰想出更多妙招。

在黑白色調的房間
增添手作的溫度

1

1 客廳旁是由和室翻新而成西式兒童房。　**2** 黑白花紋的貓咪也完全融入了以黑、白、灰色調統合的室內陳設中。

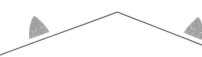

2

人與貓在哪都能放鬆
黑與白的房間設計

　　yuu用戶打造房間的理念中，基本上沒有制定「不行」這個規則，她希望貓咪們能在房屋裡悠然自得地生活。「我們家的空間比較窄，無法空出貓咪專用的場所，因此在做室內空間規劃時，我們特意把高處留做能讓貓咪跳上去的自由空間，下方則用來收納等，營造人與貓能夠共處的環境。」

Room No. 283519

yuu

● 坪數：3LDK

● 家族成員：4人家庭+2貓

🐱 廣音（mix）♀・5歲

🐱 美音（mix）♀・5歲

DIY
建議

DIY
建議

兼具貓跳台
與收納功能的便利層架

3 尺寸剛好能塞入CAINZ貓抓板的貓咪床是手工製作。「牠們很喜歡，一直有在使用♪」 4 DIY製作兼具貓跳台與收納功能的層架。「我是先用DIAWALL腳架支撐調節器立起柱子後，再配合欲收納尺寸製作棚架。」

Comment

加藤老師的評價
有了貓跳台兼收納架的創舉，房間大小就不再是個問題。此外，在限制條件下發揮創意也會更有樂趣。

貓咪與孩子一起玩耍
共同成長！

我最喜歡說話跟吃飯了喵♡

5 設置在衣櫃裡的CAINZ前開式收納箱。「這是廣音喜歡的地方，牠會自己打開跑進去。」 6 兩隻貓咪相親相愛地占領沙發。「看到這景象，人都會忍不住把位置就那樣讓給牠們。」 7 和孩子一起扮家家酒。「貓咪也會湊過來表示想『一起玩♪』。」

全部都與貓咪共享的空間裡
梯子與書櫃就是貓咪的遊樂場

掃地機器人在打掃時，椅子跟貓都在桌上避難。
「我們家是兩層樓建築與小平房相連的奇特格局，所以對貓咪們而言，我們家整棟房子就是他們的貓跳台。」

人與貓都能自由生活
處處充滿童心的房屋

　　在超喜愛小東西用戶jiji家中，隨處可見手工人偶與嗜好收藏！「就算養了貓，我也無法放棄用喜歡的東西裝飾家裡，現在依舊過著被喜愛事物包圍的生活。而貓咪們好像也知道我的喜好，牠們幾乎不曾把東西碰掉或弄壞，還能在家中穿行自如地玩耍。」

Room No. 5448629

jiji

● 坪數：2LDK＋LDK

● 家族成員：夫婦＋2貓

🐱 MIISUKE（mix）♂・2歲

🐱 NON（mix）♂・1歲

從客廳能就著從梯子來到牆邊的踏板上

1「貓咪們很喜歡從客廳爬梯子去到閣樓，然後從書櫃鑽出後，在踏板上散步。」　**2** 閣樓的床鋪。「書架是拜託木工師傅參考紅酒架製作，貓咪們經常會在床上打滾放鬆。」

假裝自己是擺設的經典姿勢喵！

\ Comment /

加藤老師的評價

這個家的室內裝潢猶如大膽的壁畫，其魄力甚至讓人忍不住讚嘆：「需要做到這種程度嗎？」家中貓咪也成為這面壁畫的一部分，可以同時沉浸在嗜好與貓的生活中。

3「客廳窗邊裝飾的紙黏土人偶是我的嗜好，貓咪們在玩耍時都能巧妙地避開這些擺飾。」

貓咪們會小心避開人偶　靈巧地欣賞外面的風景

DIY建議

加裝網子＆圍籬讓陽台變成瞭望台

陽台有裝設網子＆圍籬，防逃脫措施非常完善。「貓咪們很喜歡在這裡消磨時光，早上我一開窗，他們就會飛奔過來，聽聽鳥叫或爬上扶手享受風光。」

樓梯下方打造的貓咪祕密基地

樓梯下的空間被改造成了貓咪房。「貓咪的家、吊橋、雲朵型貓步道及貓廁所外罩都是手工製作，塗料使用的是油性木器著色劑的橡木色。」

日式老宅擺設DIY家具
復古咖啡廳風的設計

　　slow-life用戶一家在迎接貓咪進門後，全都被貓咪的魅力擄獲。據說日式老宅咖啡廳風的家具，都是出自用戶的公公的巧手。「先由我在素描本上描繪後，再拿給公公請他幫忙DIY。希望能搭配我最喜歡的骨董，營造充滿懷舊氣息的房間。」

Room No. 253213

slow-life

● 坪數：3LDK

● 家族成員：4人家庭＋2貓

🐾 福（mix）♂・1歲

🐾 花（mix）♀・6個月

讓貓擁有好心情的
生活技巧

貓房間裝上門扉後
也能當成貓籠使用！

在夢中也一起玩吧
喵～！

❶ 階梯下貓房間的格狀拉門也是用戶公公的傑作。「平常都是拆下來的，但有訪客時，把門關上就能變成貓籠，非常方便。」

Close Up

❸ 利用 PC 板手工製作的堅固貓踏板。「這裡是觀賞肉球的絕佳景點。」

從下方仰望可愛的

粉紅色肉球最棒了！

❷ 兩隻貓會在寢室一起午睡或眺望窗外，悠閒度日是貓咪們的日常。

＼ Comment ／

加藤老師的評價
這些手工家具不僅能是室內擺設，趣味性也不遑多讓。我可以想像到用戶公公在製作時，滿面笑容的表情，有時人會比貓更享受這些陳設呢。

DIY
建議

用木材與繩子組裝而成的吊橋是小福喜歡待的地方。「看到毛茸茸的毛皮從吊橋下方冒出的模樣就覺得好療癒♡」

手工貓屋

貓咪們都很愛的

DIY
建議

貓屋的屋頂有天窗的設計，能把逗貓棒伸進去逗貓玩。「壁面是珪藻土、牆裙是燒杉板，裡面的被褥則是女兒用縫紉機車縫製作。」

曾祖母的五斗櫃古家具

改造成貓咪能步行其上的電視櫃

DIY
建議

利用大型綜合商場販售的杉木材，DIY改造成孩子的書櫃兼貓步道。「木板以包圍電視的方式設置，這樣貓咪跳上跳下感覺會更輕鬆。」

為貓量身打造的
貓咪客製化住宅

Maru用戶建造的家不是以人，而是以貓咪的動線為主，例如內含貓步道、貓用出入口等。廚房旁的家事房還裝有玻璃拉窗，貓咪們能從樓梯轉角平台自由地往家中各處移動。此外，聽說這家人過去曾在非洲生活過一段時間，因此家中也用有一些非洲雜貨來點綴。

Room No. 2940770

Maru

● 坪數：4LK

● 家族成員：夫妻＋小孩1人＋2貓

🐾 KON（日本貓・三色貓）♀・7歲

🐾 CYATARO（日本貓・茶色虎斑）♂・7歲

1 樓梯轉角平台的拉窗是貓咪的通道。「我這裡設置了展示櫃，營造成畫廊風格。」 **2** 廚房旁的家事房是貓咪的用餐區。「左上方的窗戶可通往樓梯轉角平台。」 **3** 家事房的門上設有貓咪專用的出入口。「出入口採滑開式，關上後就是一扇普通的門。」 **4** 1樓客廳的貓步道走到底有貓用的出入口，能通往2樓的臥室。

佇立拉窗上的貓咪身影

好似一幅藝術作品

1

讓貓擁有好心情的生活技巧

2

我最喜歡飼主了～♡

3

還請多包涵傲嬌的我喵

4

\ Comment /

加藤老師的評價
即使人們總會想著有貓門「會更好」，但卻很少去實踐。然而，這家人卻能在如此莊重的結構中實現了這項設施，這點著實令人佩服。

奶茶色的愛貓融入
自然素材的裝潢中

貓兒正在下樓梯的情景。就算牠原本在睡覺，只
要一聽到飼料裝入器皿的聲響，這隻貪吃鬼就會
急匆匆地竄出。樓梯下方是兒童空間。

貓咪過得優游自在
納入自然素材的溫馨居家

　　為了讓貓咪在家能生活得舒適愜意，
shiii用戶在設計時，用心規劃了貓步道、
貓用通道以及貓廁所的動線等。內裝結合
了自然素材，柔和的色調非常有質感。房
屋造型的家庭衣櫃也是一處點睛之作。
「跟之前住的家相比，貓感覺在這裡更自
在。」

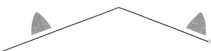

Room No. 5380952

shiii

● 坪數：3LDK

● 家族成員：夫妻＋小孩3人＋1貓

● 大福（美國短毛貓）♂・7歲

加藤老師的評價
這家貓咪自由活動的路線很獨特。看著貓咪穿過貓步道或貓洞時的身影,感覺無論是貓還是看的人每天都能擁有好心情。

讓貓擁有好心情的
生活技巧

不會被任何人打擾的房梁
是貓的最愛!

1 從洗衣到收納都能在 1 樓完成的家庭衣櫃。「小花瓶等東西我會放在貓咪搆不到的壁架上。」
2 家裡有小孩又有貓,所以電視是採壁掛式。「感覺貓會出來迎接,所以我加裝了玻璃門。」
3 大福喜歡直接喝水龍頭流出的水。　**4** 運用挑高房梁建造的貓步道。「牠經常會在上面休息放鬆。」

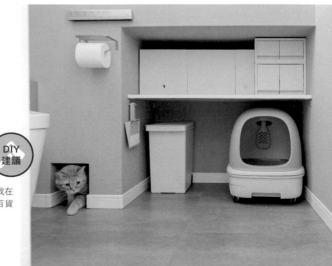

DIY
建議

廁所設有貓用出入口。「我在貓廁所下方安裝了生活百貨店販售的輪腳。」

我與貓安穩
又幸福的小日子

以灰白色調為主的溫馨室內設計。由於坪數只有1K，貓廁所直接擺在床鋪旁邊。「我會開窗，並使用空氣清淨機來除臭。」

觀察貓行為的思考結晶
一人一貓的精緻生活

　　SUMERE 是在用戶轉職時，找到能養貓的房屋物件後，從飼育員那裡接回家的布偶貓。sumishouse 表示彼此就像朋友，但大部分的時候又是公主與僕人的關係。「房間中最大的特色是兼具貓跳台與貓廁所功能的家具，我是利用組裝式方格櫃與彩色櫃等組合而成。」

Room No. 417530

sumishouse

●坪數：1K

●家族成員：1人+1貓

🐱 SUMIRE（布偶貓）♂・2歲半

讓貓擁有好心情的
生活技巧

貓咪舒爽的睡姿
療癒人心♡

1 將貓步道與貓廁所加以整合的櫃子。「下層櫃子的背板我已經拆除，這樣貓就能穿梭嬉戲。」　2 用棉線與毛線毛球裝飾的帳篷，但貓好像對星星掛飾比較感興趣。　3 貓跳台設置在容易看見窗外的位置。「他會在這裡眺望小鳥。」

DIY
建議

利用人工草皮與人造觀葉植物，把陽台DIY變成花園風，天氣好的時候還能一起曬太陽。

＼ Comment ／

加藤老師的評價

與貓的毛色相互呼應室內設計超有品味。
而當人進到這間以白色為基調的房間時，
服裝顏色還能變成重點點綴，真的是非常
精彩的設計。

在吊床中搖擺
也很享受喵♡

人貓都能從容生活的
自然風室內設計

床鋪總是被貓霸占。「只要看到貓安心地發出呼
嚕聲,腦中小小的煩惱全都變得無所謂了。」

選家具時也以貓為基準
溫馨自然的居家空間

　　tina_sa_0用戶的家,整體是以白色為
基調的自然風裝潢,風格令人印象深刻。
貓跳台夏天會擺在飯廳涼爽的位置,冬天
則會細心地移往窗邊。目標是打造同時考
量到人與貓不同的生活型態,讓彼此都能
愜意生活的環境。「無論何時都能摸到毛
茸茸的毛皮真的很療癒。」

Room No. 5639124

tina_sa_0

● 坪數:2LDK

● 家族成員:夫妻+3貓

🐾 Mi(日本貓·三色貓)♀ · 6歲半

🐾 MAME(美國短毛貓)♂ · 4歲

🐾 MOKA(日本貓·茶色虎斑)♂ · 2歲

■ 在3COINS購買的寵物用帳篷是需排隊的熱門場所。 ■ 客廳的家具盡量靠牆，保留貓咪們奔跑的空間。 ■ 飯廳的貓跳台在秋天時，會移往窗邊視野良好的地方。 ■ IKEA推車在這個家被當成第2座貓跳台。

讓貓擁有好心情的生活技巧

1

2

3

冬天則到溫暖的窗邊打盹♪

夏天在涼爽的飯廳

4

希望能總是被寵著喵～♡

我雖然有些膽小，但很喜歡人喵唷！

Comment

加藤老師的評價

IKEA推車的運用方式十分優異，可以說要有靈活的頭腦才能想出這樣的創意。有高低差的床鋪從貓咪的行為學上來看也非常合理。

人貓的共享空間

休憩區改造成

mako2ya用戶:「最近在裝潢第二間客廳時,我放了張單人椅,結果貓就那樣坐在上面不動了。」聽說吃完早餐後,貓咪會一溜煙地跑上去,看來真的是非常喜歡。

為無法適應的貓咪思考
預防搗蛋行為的室內對策!

　　訪問時,我們請mako2ya用戶聊聊他們把曾經是中途貓的貓咪們接回家時的小故事。「我們家是新建築,所以貓抓痕曾一度讓我們很煩惱,也因此我們開始嘗試許多方法,譬如鋪設裝飾性高的地墊,或為了不喜歡箱子的貓咪們思考防寒對策等。而當貓咪終於第一次到腳邊磨蹭時,我真的打從心底地無比欣喜。」

Room No. 1449395

mako2ya

● 坪數:3LDK

● 家族成員:夫妻+小孩1人+2貓

🐾 TUSNA(mix:中途貓)♂・推測3歲

🐾 SHIO(mix:中途貓)♀・推測3歲

與貓享受生活的訣竅

精選的貓跳台也能融入

復古休閒的房間風格中

1 跟喜歡觀葉植物的mako2ya用戶一樣,貓咪們也很喜歡把柔軟的葉片當成搗蛋目標,於是家裡引進人造盆栽來防範這個行為。　2 為搭配客廳的窗簾,設置在窗邊的貓跳台選得是附藍色丹寧布坐墊的款式。

我總忍不住暴露出野性喵

＼ Comment ／

加藤老師的評價

創意總誕生於人們覺得有必要的地方。若不在意髒汙,就無法想出這些妙招,我很欣賞這樣用心的創意。

DIY
建議

我覺得食物托盤高一點會比較好,所以把金合歡木餐具拿來改造。現在品質好的產品在生活百貨店也能買到,簡單、便宜又好看,我非常滿意。

DIY
建議

兼具貓廁所外罩與貓用矮凳功能的DIY箱子,運用大型綜合商場的木材與木箱加以改造,正面有對開門,側邊還有讓貓也能從旁邊進入的設計。

與貓共享慢生活的
休閒居家設計

房梁不僅是貓步道，還能懸吊觀葉植物。

講究天然建材的家
也有貓喜歡的房梁結構

　　據說Kikko.用戶本來沒有預計要養貓，但某天看到了飼育網站的小貓後就被深深吸引，就此開啟了養貓人生。「天花板挑高還有多扇大窗等設計，原本是為了我們家人自己能過得舒適，我還真沒想到原來這樣的空間也能讓貓咪開心。」

Room No. 4749730

Kikko.

● 坪數：4LDK

● 家族成員：夫妻＋小孩＋2貓

🐾 KIKI（緬因貓）♀・4歲

🐾 HAKU（緬因貓）♂・2歲

人與貓都感到療癒的觀景窗

1 KIKI對房外的風景百看不厭，佔大的窗戶感覺能輕鬆和來玩耍的森林小鳥聊上幾句。　**2** 兩隻貓也很喜歡從櫥櫃上方的窗戶遠眺。此外，冰箱旁設有貓跳台，以防牠們直接跳下來。

我最喜歡在家裡追趕跑跳蹦♡

就算在家裡也想冒險喵

能在房梁間自由地穿梭玩耍的貓步道是貓咪們喜愛的空間，牠們會幾乎整天都待在上面。

享受四季更迭的愜意家庭空間

HAKU正在幫忙照顧家裡一起生活的狗。窗外一片冬季雪景，感覺在這個家能充分享受季節感。

╲ Comment ╱

加藤老師的評價
多根房梁之所以沒有壓迫感，是因為天花板非常得高。像這樣有房梁卻十分開闊的結構，感覺貓咪們會非常開心。

81

猶如古著店般的
復古混搭空間

「貓咪們在吃飯時不會爬上飯桌，除此之外我都
允許牠們可以待在上面。」TUSBU和ANN都是
乖孩子呢。

與貓咪一起追求嗜好
復古混搭古著店風格

　　me用戶的房間主題，是打造一個貓咪
能享受生活的空間，整體充滿韻味的氛圍
與懷舊的設計令人印象深刻。房內有利用
復古花紋布料妝點細節，貓廁所也用珠簾
來修飾等，隨處都藏著講究的巧思。

Room No.：466270

me

- ●坪數：5LDK
- ●家族成員：夫妻＋小孩2人
  　　　　　＋1狗＋2貓
- ♥ TUSBU（mix）♂・3歲
- ♥ ANN（mix）♀・3歲

與貓享受生活的訣竅

1 融入室內風格的綠色拉門是房間的亮點。不過聽說現在完全無法阻擋貓咪入侵，因為門好像經常都是開著的？　**2** TUSBU 和 ANN 兩隻貓每天晚上都會跟 me 用戶一起沐浴就寢。幸福的賞貓泡湯照，光看就讓人心頭一暖。　**3** 把孩子長大後沒在睡的雙層床上鋪變成貓咪的遊戲區，感覺貓咪們超滿意。

吃我這記貓貓拳！

\ Comment /

加藤老師的評價
感覺會出現草莓刨冰的懷舊風情令人驚豔。
如果能允許貓咪進入廚房，在不開暖氣的時期，也許可以把拉門的一部分玻璃卸下。

83

每個房間變換不同風情的
復古室內設計

neo用戶:「窗邊擺有長椅和椅子,這樣貓咪們就能一邊放鬆一邊欣賞窗外。而當天氣變冷時,我就會在貓床或牠們長待的椅子上鋪上毯子來禦寒。」

不侷限於市售貓用產品
選用復古家具&雜貨布置!

　　混搭復古風、中世紀風、摩洛哥風、西班牙風等,用戶neo的家把各種風情完美地調和在一起。而我們也可以看到用戶把籃子與椅子當成貓咪的床等,刻意不去明確區分貓用或自用,讓所有東西都能成為室內陳設的一部分。

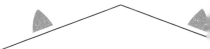

Room No.1580408

neo

●坪數:3LK

●家族成員:獨居+2貓

🐱 NEO(mix)♂・9歲

🐱 AMERI(挪威森林貓)♀・4歲

這是主人
幫我上漆的寶物喵

\ Comment /

加藤老師的評價

用戶把原有的日式壁櫥上層收納櫃「天袋」，變成了貓咪的專屬空間。而把籃子當成貓床的擺法也很有設計感。如果貓跳台的吊床也換成籃子的話就更棒了。

1 以紅色作為點綴色的西班牙風房間。據說這裡的採光很好，貓咪們會跑來這裡曬太陽。　**2** 摩洛哥度假風。這個空間的牆壁是由用戶自己粉刷，貓咪們會隨心所欲地出現在吊椅或沙發等處休息。　**3** REPLUS 的貓抓板。用戶表示：「擺著感覺就很時尚，我非常喜歡。」聽說它還有各種圖案，能享受替換的樂趣。　**4** 人貓都能隨心所欲度日的客廳，可以感受到這裡是經過多方嘗試與創意發想後，才誕生出的完美空間。　**5** 在保留舊和室壁櫥上層收納空間的附近設置貓爬柱，徹底改造成貓用空間。

與貓享受生活的訣竅

翻新與復古的
完美融合

COLUMN
曬貓專區
Part ❷

Room No. 2188986
kumimon
在IKEA的腳蹬上睡得正香甜。

Room No. 5771527
lupin.beat.
Raum
時值盛夏，貓咪沐浴在晨光中小憩。

Room No. 5833047
kuu
一樣的表情與姿勢實在太可愛了！

Room No. 4665389
macahakoatoru
densuke
相親相愛的兩隻貓。在這樣熱烈眼神的注視下令人心跳加速！

Room No. 207229 mameko
那個……是垃圾桶的説……但貓咪好像莫名喜歡的樣子。

Room No. 4224122 manners
陽台上種著貓草與貓薄荷等貓咪能食用的植物。

我正在整理花圃呢！

Room No. 4395499
mariko
貓鍋。在這樣待下去，就要被吃掉囉～！

Room No. 230190 Megumi
天氣炎熱，替貓做了夏季剃毛。牠現在正是好奇心旺盛的年紀。

Room No. 2303671 maringo 4763
黑色玻璃的桌子能像鏡子般映照，讓我家孩子變得雙倍可愛！

Room No. 5881892 mic
1樓的地板全都沒有鋪設地磚。夏天十分涼爽，冬天則有暖烘烘的地暖。

Room No. 2615981
michuneko
迎接14歲生日。在象徵愛貓的倒吊花束前合影留念。

> 我好喜歡這裡呀

> 我正在睡夢中呢

Room No. 5853388 miel
藤椅與毛毯的組合好像很舒服。

Room No. 890259
mii-tan
天氣太熱，正在打盹的我家9歲♂襤褸貓。

這裡軟綿綿的呀

Room No. 2766885
MILK
牠很喜歡沙發的這個
位置，好像只有這裡
會下陷。

Room No. 5490361
miru
22歲的KANTA，今天也
和我一起待在被窩裡。

Room No. 4736838
mikkumiku
大家都會跑到這扇透明的
客廳門迎接我回家。

Room No. 5595600
momo-maru
在桌子下方鋪設的印度
棉地毯上午睡。

Room No. 5398216
mohha
鼻貼鼻一起睡。這樣鼻子
會不會壓扁呀？

Room No. 5519356
moyuhi
貓咪久違地進到這棟手工
瓦楞紙屋裡。

那是啥呀！

Room No. 5715136
murasaki 808
用木造房屋的階梯代替貓
踏板。

Part 3

貓也舒適的
生活空間提示！

貓步道　　　　貓跳台　　　　透明家具　　　　貓吊床

貓喜歡的地方　磨爪區　　　　用餐區　　　　　貓廁所

貓玩具　　　　貓籠　　　　　防脫逃＆闖入柵欄　貓咪出入口

收錄大量讓人想要
效仿的點子與妙招

什麼樣的房間
能讓貓也過得舒適？

當貓隨地大小便或搗蛋時，飼主不應該責罵，而是要去理解為什麼貓咪會出現這樣的行為，進而去改善環境，如此才讓彼此都過上沒壓力的幸福生活。而讓貓咪擁有心情好的室內設計，最終也能使人感到愉快。各位可以一邊參考加藤老師的建議，重新審視自己家的空間規劃。

客廳

白天會有暖陽照射進來的客廳是貓咪午睡的絕佳位置，因此地板應隨時保持清潔，好讓貓咪能在地上打滾。我建議可以在這裡設置視野良好的貓跳台、貓步道或貓踏板等設施，並安置貓廁所或飲水處，創造貓咪與飼主能長時間相處的空間。

和室

和室應留意把紙門安排在貓咪碰不到的地方，以免被貓咪抓破。除此之外，其他規劃幾乎都與客廳相同，貓應該也跟人一樣很喜歡在榻榻米上打滾。

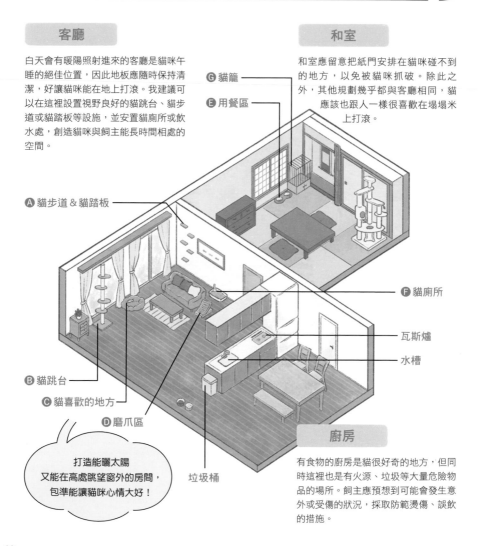

A 貓步道&貓踏板

B 貓跳台

C 貓喜歡的地方

D 磨爪區

E 用餐區

G 貓籠

F 貓廁所

瓦斯爐

水槽

垃圾桶

打造能曬太陽
又能在高處眺望窗外的房間，
包準能讓貓咪心情大好！

廚房

有食物的廚房是貓很好奇的地方，但同時這裡也是有火源、垃圾等大量危險物品的場所。飼主應預想到可能會發生意外或受傷的狀況，採取防範燙傷、誤飲的措施。

值得學習的舒適貓空間規劃重點！

A 貓步道 & 貓踏板

安裝這些設施時，常會用到牆壁、門楣或房梁，因此思考貓咪要如何從地板爬上去的動線很重要。而若想在牆上安裝板子時，應確認其是否為防滑材質、耐重能力等，確保設施的安全性。

▶ 詳情Check P94～！

B 貓跳台

若跳台中途有很多地方可以休息的地方，貓咪就能在喜歡的位置上觀察周遭，相信家裡的主子應該會愛不釋手。而如果還有空間，也可以追加貓吊床等，從細節讓舒適度更升級。

▶ 詳情Check P100～！

C 貓喜歡的地方

▶ 詳情Check P108～！

創造貓咪能安心放鬆的地方，用心讓貓咪能毫無壓力地的生活。此外，我也很推薦可以替貓咪準備牠喜歡的床鋪或玩具等。

D 磨爪區

磨爪用品有瓦楞紙製、布製、麻繩製等材質。建議一開始可以先觀察貓咪喜歡什麼材質，再準備貓咪喜歡的東西。而頻繁地更換新品便能防止貓咪在家具等地方亂抓。

▶ 詳情Check P112～！

E 用餐區

食物旁邊基本上都要擺上水盆，以便讓貓咪吃完飯後馬上水喝。尤其若餵乾食，就必須要確保貓咪有攝取充足的水分，建議各位可在家中多處擺放裝有新鮮飲水的容器。

▶ 詳情Check P114～！

F 貓廁所

1隻貓應設置2個廁所為佳。貓咪很容易罹患泌尿系統的疾病，因此能觀察排泄狀況的無外罩貓廁所是最佳選擇。而在設置時，應分別放在不同位置，而不是並排擺放。此外，多貓家庭還要注意防範貓咪之間爭搶廁所的問題。

▶ 詳情Check P116～！

G 貓籠

有些人家裡不會用貓籠，但為了因應防災或生病等意外，建議還是可以買著備用。而且當出現對多貓飼養等環境明顯感到很有壓力的貓咪時，就能利用貓籠保護起來，讓貓待在其他貓咪絕對進不來的地方使牠感到安心。

▶ 詳情Check P120～！

應注意的重點

垃圾桶	垃圾桶建議應選擇附有蓋子的款式，以免貓咪翻擾、弄倒或跑到裡面去。
水槽	受到食物氣味吸引，貓咪可能會去吃水槽裡人類的剩飯或排水溝裡的食物。為避免貓咪誤食到對牠們有危險的食物或調味料，應在水槽加裝護蓋。
瓦斯爐	剛烹調完食物的瓦斯爐有讓貓咪燙傷的風險。在教導貓咪不要跳上來的同時，也可裝設市售的瓦斯爐護蓋等來預防燙傷意外。另外，瓦斯開關也建議加裝兒童安全鎖。

浴室

在浴缸內有水或熱水的狀況下，放任浴室的門敞開的話，很有可能會發生貓掉入浴缸溺水等意外事故。因此浴室的門一定要關好，浴缸裡有洗澡水時，也要記得蓋上蓋板。

浴缸
裡面有熱水或水時，一定要蓋上蓋板。此外，因為貓咪有可能會跳上去，應選用合適的尺寸以免蓋板掉落。

馬桶
馬桶蓋若放任不管，貓咪很有可能會把爪子伸進馬桶裡碰水或把頭伸進去舔，而如果貓咪不小心舔到附在馬桶上的清潔劑等，就會發生危險意外！家族成員們一定要確實蓋好馬桶蓋。

一定要把浴室與人用廁所的門與蓋子關好蓋好！

浴室地板
貓如果喝了地板上或洗臉盆內蓄著的水，會不小心喝到裡面殘餘的洗髮精或肥皂成分，應多加留意。

廁所地板
貓有時會躺在廁所的地板或地墊上睡覺，所以飼主應經常清潔廁所的地板，以免髒汙沾到貓毛上。另外，關門阻擋貓咪進入也是個方法。

人用廁所

雖然空間狹窄，但只要貓覺得舒適，就會在地上打滾睡覺，或把爪子伸進馬桶裡窺探。因此建議一定要把廁所門、馬桶蓋都確實關好蓋好。

安全第一喵！

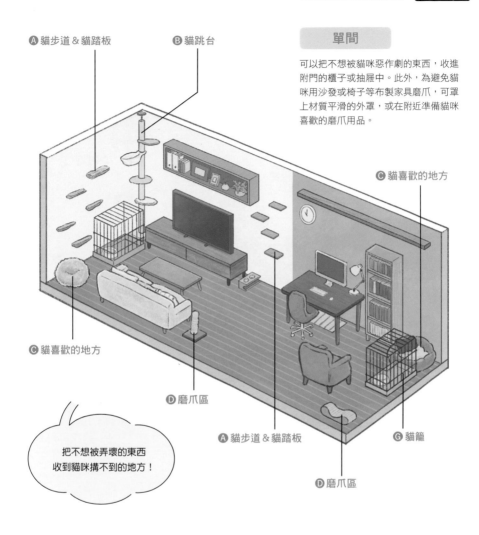

Ⓐ 貓步道＆貓踏板　　Ⓑ 貓跳台

單間

可以把不想被貓咪惡作劇的東西，收進附門的櫃子或抽屜中。此外，為避免貓咪用沙發或椅子等布製家具磨爪，可罩上材質平滑的外罩，或在附近準備貓咪喜歡的磨爪用品。

Ⓒ 貓喜歡的地方

Ⓒ 貓喜歡的地方

Ⓓ 磨爪區

把不想被弄壞的東西
收到貓咪搆不到的地方！

Ⓐ 貓步道＆貓踏板

Ⓖ 貓籠

Ⓓ 磨爪區

享受為輕鬆完美地照顧好貓咪而想方設法的過程也是一門藝術！

飼養貓咪時，準備飼料、換水、清理貓砂等各種照料，以及觀察貓咪身體狀況，是貓奴每天都必須要做的事。而我希望大家不要為此感到麻煩，而是應該抱著享受的心情來思考，想辦法以合理的方式讓作業變得輕鬆。神經質的人養出來的貓也會變得神經質；反之悠哉的人養出來的貓也會擁有悠哉的性格。雖然馬虎應付亦不可取，但也不能太過神經質，學會以輕鬆的態度與貓相處非常重要。

貓步道 & 貓踏板

該如何打造貓咪每天都能愉快度日的房間呢？

Room No.5384679

hiro

挑高所以高度很充足！

利用玄關挑高的空間設置貓步道，讓貓咪可以從高處確認自己的地盤。

利用富有變化的設計
創造與戶外生活類似的環境

　　以前的貓幾乎都是放養，所以牠們一定會走在矮牆上的狹窄路徑或爬到屋頂上。這些對貓而言應該都是非常愉快的事。現在能把這些快樂的事情帶給家養貓咪的，就是貓步道和貓踏板。而在安裝這些設施時，較理想的規劃是有變化的攀登模式，以及有能讓貓咪休息、躲藏的地方。

好心情 POINT 1

思考設置的位置
找到好像能設置的地方後，再尋找適合該處的產品。

好心情 POINT 2

營造能讓貓咪興致昂然的結構！
思考並規劃從地板爬上去或跳下來的路徑也很重要。

好心情 POINT 3

確認耐重程度
謹記貓咪跳躍時，會產生很大的力量。

不管什麼畫作都沒有貓咪來得入眼！

Room No. 3982743

aka

安裝在客廳牆上的貓踏板，爬上爬下的高低差剛剛好。

Room No. 492604

Eri

把挑高的樓梯夾層樓，改造成貓空間。

Room No. 5612252

Mai

安裝於樓梯牆面的貓步道上，還能再規劃個用餐區。

Room No. 5417079

kanokana

不只安裝貓踏板，還有設置躲藏處，用心創造讓貓咪能放鬆的地方。

Room No. 3358452

H.T

銜接客廳與飯廳的貓步道與貓跳台。

融入白色壁面中的白色貓步道

下面就是沙發
直接跳下來也很放心♪

Room No. 980814

maki.

在沙發後設置踏板，這樣人與貓就能
一起放鬆休息。

Room No. 1183429

M

牠總會跑上這面牆，然後玩抓尾巴的
遊戲。

Room No. 5797732

mato

只有天花板挑高的住宅，才能把所有房
梁直接當成貓步道。

Room No. 724253

HANA

我們自行塗裝的貓踏板，這裡未來預計還要
安裝貓吊床。

有了DIAWALL 腳架支撐調節器
租屋也能隨心所欲發揮創意！

Room No. 74332

maru

在電視後方的牆面上，利用DIAWALL調節器
DIY製作貓步道。

Room No. 404857

mikomaru

用裝飾梁代替貓步道，這裡是把2根房梁合併以防貓咪摔落。

下弦月型的貓步道超可愛！

Room No. 5897637

mima

後方的貓踏板是利用DIAWALL調節器架設而成，藍灰色調替牆面增添了點綴。

Room No. 1173675

min 2413

這座貓跳台是用1×4的木材手工製作，上面還擺了宜得利的籃子作為休憩處。

Room No. 925754

mi_e

利用通往房梁的貓步道，以及兼具書櫃功能的貓踏板，讓貓咪在家中來去自如。

Room No. 1468432

mmtn

這樣的規劃確保了貓咪在爬上去後，還能從別的地方下來的動線。

運用蜂巢般的六角形跳台

替室內陳設增添亮點

Room No. 461008

nano

家在建造時，我自行設計的貓步道中也包含了桌子。

Room No. 266331

piyocchi

利用鋼管DIY，把家中的整面牆都裝設了貓踏板與步道。

Room No. 5759814

takay

DIY製作的貓踏板，箱子裡是貓咪喜歡待的地方。

Room No. 3908328

ymmt

爬上牆壁的踏板後，沿著房梁就能前往2樓，貓咪巡邏起來更有效率。

貓能在家中自由穿梭！

Room No. 4545400

purikkopumpkin

步道總共有8階，貓咪能跑到挑高的窗邊曬太陽。

Room No. 5762855

konashan

運用DIY零件打造的貓步道。即使客廳狹窄，我仍用心營造出能讓貓咪快樂生活的家。

Room No. 1272123

Toyomi

我家的貓咪園地。手工棚架上也擺滿了各種貓咪雜貨。

把東西從架上推落也是貓咪最喜歡的遊戲

Room No. 2269010

ytm

牠們很喜歡在這座手工貓踏板上，透過窗戶觀察外面的世界。

Room No. 1338362

yumuyumu

DIY製作的貓步道，下方的仙人掌是貓咪的磨爪柱。

Room No. 2690660

yurari.bonn

把閣樓DIY改造成2樓客廳，附近還加裝了貓踏板。

手工的貓用吊床！

閣樓上方也備有

貓跳台

能把周圍盡收眼底的制高點，是喚醒貓咪野性的場所。

Room No.592730

kotori

兩隻貓的性格自然地劃分了地盤

喜歡高處的YUKI，以及無法爬高的MARON，兩隻貓就這樣自然地擁有各自的領地。

選擇能看清周圍的位置
架設高高的貓跳台！

　　高處能看清周圍環境，不但容易找到獵物，在敵人靠近時也能馬上察覺。換句話說，高處就是一個貓能感到安心的地方，也因此貓咪會本能地喜歡待在上面。而我們在設置貓跳台時，最好選擇貓在爬上去後，能把周圍一覽無餘的地點或是窗邊等位置。

好心情 POINT 1
盡量選擇高的貓跳台！
考量到更好視野，貓跳台應選擇高聳的款式。

好心情 POINT 2
設置在視野良好的位置
建議應設置在能從高處大範圍眺望的窗邊等位置。

好心情 POINT 3
多設午睡地點，大家庭也能應付！
貓跳台上如果有很多地方能午睡，1座就能供多隻貓咪使用。

Room No.4773160

akimam

貓咪會從牆上的貓步道跑來使用貓跳台。

實在太可愛了！

貓頭造型的貓屋

Room No.3130448

star..

這是我一見鍾情的貓跳台，短毛與木頭製
的結構清潔起來很輕鬆♪

Room No.136127

73

我把貓跳台設置在寢室，但牠們卻占領
了床鋪。

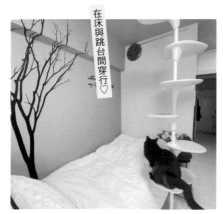

在床與跳台間穿行♡

Room No.1437774

chika__--47

僅挨床邊的貓跳台是頂天柱的款式，
因此也具有一定的高度。

Room No.315245

hiyupan88

設置在窗邊的支撐調節器式貓跳台，
最近牠們好像很喜歡在上面放鬆。

貓跳台毛茸茸的摸起來很舒服

Room No. 253214
tarvi_meri
直達天花板的大型貓跳台能緩解貓咪的運動量不足，牠總是會在這裡眺望窗外。

Room No. 1105206
milky
有家屋型隱蔽空間的貓跳台，但貓貓好像更喜歡上面的休憩空間。

一臉犀利的表情 莫非是找回了野性？

Room No. 1166597
marron
牠最喜歡垂吊著的毛球，總是玩得不亦樂乎。

Room No. 4695372
dshinba
方塊型貓跳台與帥氣的房間風格超搭。

Room No. 408962
youchan 555
貓房間是和室，所以我選擇了外觀設計能融入房間的貓跳台。

Room No. 1233434

yu-

這是貓咪最喜歡的貓跳台，牠能一口氣爬
到最高點，身子明明那麼小卻非常厲害！

完美融入室內風格

布料質感的貓跳台！

Room No. 1892706

waniwani

頂天柱型貓跳台不占空間，簡約又俐落。

Room No. 3816706

Goma

將多座貓跳台並排擺放，讓4隻貓都能舒
適享受。

Room No. 1511343

aika

用DIY零件手工製作的貓跳台。下方是用餐
區，往下還有貓廁所，前方設置了貓抓板。

貓跳台順利融入裝潢中

憑感覺裝飾

個性迥異的貓咪們

隨心所欲待在想待的地方

\ 拜見貓咪可愛的肉球與肚皮！ /

透明家具

與其說是為了貓，不如說是為了讓人類享受貓咪的幸福家具♡

Room No.4638726

mochico

太空船造型的貓屋

圖為壁掛式的貓床鋪，側邊有開洞，能從旁邊進入。兩隻一起窩在裡面的模樣超級萌！

讓貓咪放下防備姿態
賞貓專用的玩心設計！

　　透明家具不僅能讓貓奴馬上就知道主子的所在位置，還能愉快地欣賞平時看不到的角度，可以說真的是非常優秀的室內陳設。雖然透明結構能讓人清楚地看見貓，但貓卻幾乎不會察覺自己正被注視，因此人類可以大方地享受貓咪可愛的模樣。

好心情 **POINT** **1**

貓踏板能獲得肉球看到飽！

當貓爬上透明貓踏板時，飼主就能悠哉地欣賞貓貓的肉球。

好心情 **POINT** **2**

球體家具可以飽覽放鬆姿態

當貓進入透明球體後，身體便會像液體般延展，模樣融化人心！

好心情 **POINT** **3**

也能用玻璃桌代替

就算沒有專用產品，用玻璃桌也可以享受透視風景。

104

不僅肉球連肚皮都展露無遺！

Room No. 4479500
ippu 0303 Karin
支柱間夾著飛碟型壓克力盆的貓跳台。

Room No. 3987288
i_ayuyu
安裝在窗邊的圓形壓克力貓踏板，肉球
真是可愛極了♡

Room No. 5289446
yuzuao
DIY的貓步道有一處是壓克力材質，由下仰望
是最佳視角！

Room No. 5417079
Sumomo
壓克力製的休息區，貓咪像是變成液態般
融化在裡面。

Room No. 4776778
mikeume 7
在窗戶的上方安裝壓克力貓步道，肉球清晰
可見。

這裡是我喜歡的地方喵～♡

貓吊床

喜歡狹窄地方的貓咪，最愛吊床的包覆感

Room No.4194954

poo
和睦地並排搖擺 ♪

安裝在頂天型貓爬柱上的貓吊床，有2個的話就不會打架了。

能巧妙隱身的貼合感
這感覺實在太棒了！

　不知道是不是因為很合身，貓咪們都很愛貓吊床。最近貓跳台也出了許多附設吊床的款式，且由於吊床安裝簡便，到處都能打造成貓咪的休憩場所。然而，自行安裝在高處時，一定要注意避免掉落，擔心的人也可以選擇固定放置的款式。

好心情
POINT
 1
貓總想擠進狹窄的地方！
吊床的構造很符合貓喜歡鑽進狹窄處的習性。

好心情
POINT
2
高處更加分！
設置在高處的好處是，貓在上面能產生優越感。

好心情
POINT
3
柔軟的材質更佳
貓最喜歡柔軟的材質，選擇毛絨絨的質感，吊床就能變成主子鍾愛的睡窩。

Room No.4764024

chachaharulove
客廳的貓籠裡設有貓吊床。

超滿足♡

有軟呼呼的毛巾包著

Room No.4632416

Lufu
懸掛在 IKEA 吊軌上的貓吊床，貓在裡面的
表情好療癒！

Room No.1185791

eenashi
固定放置型的六角形貓吊床，夏天貓咪經
常會跑進去。

Room No.5595702

asa
將貓吊床設置在陽光充足的位置，旁邊的
綠色植物是假草。

能眺望外面

極致的幸福床鋪♪

Room No.1173907

cocomaro
用吸盤吸附於窗上的款式。因為還能欣賞
窗外，貓咪感覺很享受。

貓喜歡的地方

很多貓都喜歡貓床鋪或固定位置，但也有些貓喜歡的地點令人意外！

Room No.4937106

nobiko

貓喜歡的定點依個性而不同！

貓跳台的高處和低處的床鋪，每隻貓都能依自己的需求各安其所。

創造貓咪能安心停留
慵懶躺臥的定點

　　貓本來就很喜歡狹窄的地方，推薦各位可以打造一些小而隱密的貓咪專屬空間。而有些貓冬天喜歡待在溫暖的毛毯或地毯上；夏天則會跑到涼爽的走廊等地方納涼。此外，在多貓家庭裡有時會出現彼此處不來的貓咪，這時就須留意營造能讓雙方獨處的空間。有了自己專屬的位置，貓會比較有安全感。

好心情 POINT **舒適的材質**
知道貓咪常待的地方後，就可以在那裡鋪上柔軟的東西。

好心情 POINT **冬暖夏涼**
隨季節變換位置，寒冷時設置在陽光充足處，炎熱時移到靠近空調的位置等。

好心情 POINT **幽暗處是貓的最愛**
為了讓貓咪有藏身其中的感覺，加裝屋頂圍起來也是一招。

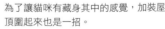

狹窄的地方反而好！

考量貓咪習性的定點

Room No. 4590691

akineko

在存放貓梁的層架間設置床鋪，有屋頂的
空間能讓貓咪很安穩。

Room No. 1373382

mako

在棉被乾燥機啟動時午睡的貓貓們，蓬鬆
的被褥感覺很舒服。

Room No. 5223607

harumin

牠最喜歡待在衣櫥裡，可能是昏暗狹窄又
安靜的空間讓牠覺得很安穩。

Room No. 4579490

koume

牠們最喜歡待在沙發，3隻並排在椅背上
的模樣超可愛！

Room No. 2092636

asma

陽光房的宜得利花園桌變成了貓咪們的雙
層床。

貓貓列車出發～！

Room No. 1582808
Ricco
牠最喜歡裝桃子的紙箱，不管擺在哪牠都
會鑽進去。

Room No. 5109144
mi
孩子回家後，貓一定會爬到書包上，這好
像已經變成牠習慣。

Room No. 253763
y_ 09 khsm 23
貓咪喜歡的箱子就擺在陽光充足的窗邊，
裡面是我們家的閨秀。

Room No. 253471
valek
這是牠最喜歡的貓床，從縫隙偷窺的可愛臉
蛋直擊人心。

不知道為什麼
這裡讓本喵好稱心……

Room No. 4667791
monaural-life
mater的盆狀邊桌，圓潤的造型好像讓貓咪
覺得很舒適。

110

Room No. 253763

nonononaka

睡在沙發上時，牠一定會選左邊的位置，
這好像是牠自己的規矩。

最偉大的貓咪
才可以睡在最上層喵嗚～

Room No. 248336

rio

齊聚在手工貓跳台上休息的4隻貓兒，
感覺大家都很喜歡這裡。

Room No. 5283322

poporon

在籃子裡熟睡中……，裡面有柔軟的坐墊，
睡起來超舒服。

Room No. 1248094

Mayumi 8888

貓咪們最喜歡的地點是階梯，牠們會在這
裡橫衝直撞，或在地毯上磨爪。

Room No. 1786253

sakuraco

把舊時的iMac改造成時尚貓床，包圍的感
覺當成貓窩正合適！

大家一起磨磨爪呀～
打打滾♪

磨爪區

選擇舒適好用的磨爪產品，預防貓在家具上留爪！

Room No.5507268

rilakkumama

DIY製作壁掛式貓抓板！

在木框裡鑲入大創的貓抓板後，再用雙面膠固定於櫃子上，預防貓咪用沙發磨爪。

貓咪勤於磨爪
可是狩獵的必要保養

　　爪子對貓而言是重要的狩獵工具，而磨爪就是為了讓如此重要爪子常保銳利一種保養。貓是用前爪狩獵，所以牠們也只會磨前爪。多貓家庭可以先在多處設置磨爪器，然後觀察是否所有的貓都有磨爪，如果有些貓不磨爪，就代表還需要再增加磨爪器的數量。

 好心情 POINT 1　**準備貓咪喜歡的材質**

準備瓦楞紙、布料、麻繩等材質，觀察貓咪喜歡哪一種。

 好心情 POINT 2　**擺在貓咪能專心的地方**

磨爪區應設置在貓咪不會分神，能集中磨爪的地方。

 好心情 POINT 3　**替換貓抓板！**

如果磨起來感覺不佳，貓咪就會把目標轉向沙發或地毯，應多加留意。

Room No. 1438124

emmmmmi823

利用威廉莫里斯圖案的紙膠帶，把貓抓板
變成居家擺飾。

Room No. 5088328

KEIKO

剛買的仙人掌磨爪柱，希望貓貓會喜歡。

這下彎的部分
莫名安穩喵♡

Room No. 2915195

nene6

這個名為「開洞枕頭」的磨爪器還兼具躲
藏、休息的功能。

Room No. 4757688

riju

家裡設置了多個瓦楞紙貓抓盆，結果有的
變成牠午睡的地方了。

Room No. 377899

ayko

沙發型貓抓板不但能磨爪，趴在上面感覺
也很讚。

露在外面的小腳Y超可愛！

用餐區

傳授貓糧選法＆餵法等基礎知識。

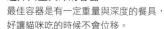

Room No. 1049060

narukunihero
有高度，吃起來比較容易！
圖為高腳飯碗，墊高後就不用低頭吃飯，貓比較沒
負擔。

配合貓咪的年齡階段
給予綜合營養飼料！

　　貓糧一般都會幫飼主配好貓咪所需的營
養，而飼料又分成粒狀的乾食，以及含有
水分的罐頭和即食品，應把標有「綜合營
養飼料」作為主食，因為裡面才充分含有
貓咪所需的營養。至於用餐地點，只要是
能慢慢享用的地方都行，但考慮到事後的
清理，我認為廚房的一角是最佳選擇。

好心情
POINT
1
選擇又重又深的容器
最佳容器是有一定重量與深度的餐具，
好讓貓咪吃的時候不會位移。

好心情
POINT
2
餐碗數量要與貓咪數量相符
共用餐具有可能會讓貓感到壓力，應備
足與飼養隻數相符數量。

好心情
POINT

3
點心只是輔助食品
標示「一般食品」的產品是點心，可當
成輔助食品適度投餵。

Room No. 5798085

maya____home

在寵物專用房的牆壁邊上設置飯碗和水碗，
讓貓咪能安穩地用餐。

依貓咪的毛色
搭配專用器皿

Room No. 380073

capel

tower 系列寵物餐碗組。高度、大小、深度都剛剛好，
貓咪吃起來感覺很輕鬆。

MILK

Room No. 1147298

chie

飯碗與水碗擺在廚房吧檯下方DIY的壁龕中。

只要用碗架提升高度
任何器皿都能是飯碗

Room No. 645184

mayutan

配合貓咪成長手工製作碗架，是用生活百貨
店販售的花園用木材改造而成。

Room No. 4769317

Sappy 0529

自動餵食器就那樣擺著的話，貓咪會去惡作劇，
所以我加裝了外罩。

貓廁所

仔細觀察廁所,是守護貓咪健康的第一步。

Room No. 224407

punuyumi

觀察貓咪的專用房間

把從廚房分出來的家事房,作為貓咪的如廁空間。

觀察貓廁所
好好替貓的健康把關

貓咪有在固定地點排泄,並掩埋排泄物的習性。雖然有不少人會想讓廁所眼不見為淨,然而觀察廁所是管理貓咪健康的第一步。建議各位應盡可能把廁所擺在能看到貓咪上廁所狀況的位置。現在的貓砂除臭效果都很不錯,因此就算擺在客廳也沒問題。

好心情 **POINT** **1隻貓需要2個廁所**

廁所的數量應為貓的隻數+1~2個,且不是成排,而是應分散放置。

好心情 **POINT 2** **廁所尺寸要配合貓的大小**

隨著貓的成長,幼貓專用的廁所會變得太小,應隨貓咪的生長情況更換。

好心情 **POINT** **擺在能觀察貓咪的位置**

如果還是想藏起來的人,每天一定要去看廁所3次。

Room No. 1177610

HELLO 751

太空船造型的貓廁所可整個掀開，能輕鬆
確認到裡面的模樣。

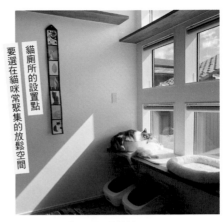

要選在貓咪常常聚集的放鬆空間
貓廁所的設置點

Room No. 636219

toufu

把家中日照最好的房間作為貓的據點，貓
廁所附近還設有換氣扇。

Room No. 1979178

kumi

我為年紀還小的白貓也準備了跟黑貓一樣
大的貓廁所。

Room No. 1832626

shiratama

貓廁所設置在洗臉台下方可見的位置，廁
所就在旁邊能馬上清理。

Room No. 2695120

uko

設置在客廳角落的貓廁所。我選擇了白色
款以便融入白色的室內布置中。

擺在輪腳台上
清理超方便！

貓玩具

貓玩耍的目的，近似於想狩獵的本能。

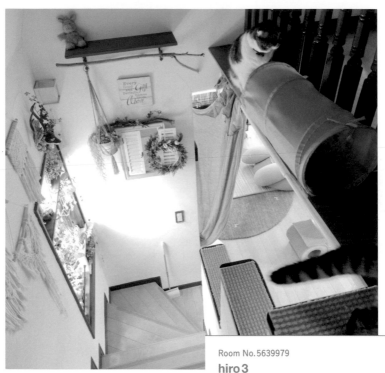

Room No. 5639979

hiro 3

每天都是場小小的大冒險！

挑高的樓梯上設有隧道，滿足貓咪想鑽進狹窄地方的願望。

利用各式各樣的玩具
誘發貓咪的狩獵行為

　　貓咪有與生俱來的狩獵衝動，雖然在被人飼養之後，貓就不再需要狩獵，但牠們仍有狩獵的衝動，而這樣的本能會展現在玩耍上。因此挑選玩具的訣竅，就是選擇可以模仿獵物動作的東西，好讓貓咪想狩獵的心情更昇華。玩具中我最推薦的是大家從以前就經常使用的逗貓棒，因為它能模仿各式各樣的動作。

好心情 POINT 1

模仿獵物的動作

選擇能模仿四處亂竄的老鼠或昆蟲動作的玩具。

好心情 POINT 2

要確認貓咪的興致

讓玩具從陰暗處竄出、抽回，或發出喀噠響聲等，若貓有反應就算合格！

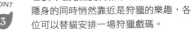
好心情 POINT 3

也要準備貓能躲藏的地方

隱身的同時悄然靠近是狩獵的樂趣，各位可以替貓安排一場狩獵戲碼。

Room No. 5120460

m.k.m

這是在生活百貨店發現的老鼠玩具，買回
來後貓馬上就愛上，還咬著它到處閒晃。

玩耍睡覺
是我們貓咪
的工作喵～♪

Room No. 4054211

taMA

貓跟毛茸茸的逗貓棒玩累了後，就跑到
帳篷中午睡。

好像很容易讓貓上鉤！
有球又有會動蟲子的玩具

Room No. 3188868

ayuchi

在 AWESOME STORE 買的貓玩具，彈簧會
產生隨機的晃動。

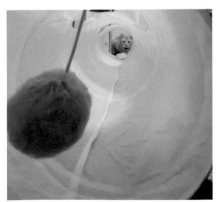

Room No. 4349723

tomooty

IKEA的貓隧道。在反方向揮動逗貓棒，貓就
會咻地竄過來。

Room No. 3982587

kirakiraboshi

這是貓咪會又啃又叼又玩的魚型玩具，最後
還把它拿來當枕頭睡覺。

貓籠

雖然平常用不到，但家中最好還是能準備一個。

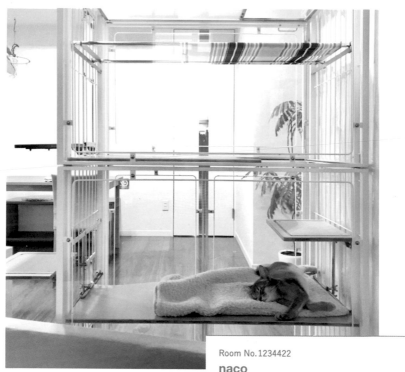

Room No. 1234422

naco
壓克力材質的貓籠，能融入室內裝潢
側邊不是柵欄而是壓克力板的貓籠，能清楚看到裡面也它的優點。

準備好貓籠
就算有個萬一也能放心！

　　雖然平時不會用到，但像施工等會有外人進入家中的場合或發生災害時，就會需要貓籠。而且若遇到生病或受傷等需要隔離，或多貓家庭中貓咪之間處不來等狀況時，有貓籠也會比較放心。建議各位可以買起來，以備不時之需。而如果選擇小籠子，就需按貓的數量準備。此外，平時就可以把貓籠擺在房間的角落等，讓貓咪能先去適應。

 好心情 POINT 1 **只在晚上讓貓進入貓籠**
讓貓養成在籠子裡過夜的習慣，從平時開始適應貓籠。

好心情 POINT 2 **打造環境舒適的大籠**
用心替可容納多隻貓咪的大籠布置舒適的環境。

 好心情 POINT 3 **基本上貓都很喜歡狹窄的地方**
有人可能會覺得把貓關起來很可憐，但其實貓天生就愛狹窄處，請不用擔心！

Room No. 380521

mako 0301

飯廳一角是貓的專屬空間，貓籠中也有廁所
好安心。

能悠閒待著的
寬敞貓籠

Room No. 2966824

tawashi

寬大的貓籠內設有貓吊床，確保貓在裡面
也有能感到安穩的地方！

Room No. 2457783

r.t.mama

DIY貓屋。每隻貓都各別分開，感覺在裡面
能很放心。

上面毛茸茸的毛巾
還有吊床
都好舒服喵♡

Room No. 2185614

reo..m.a

貓籠上還放有外出提籠，讓貓同時習慣外
出移動的用品。

Room No. 899879

aichin

我在這裡設置了貓踏板，好讓貓能接往
貓步道。

121

防脫逃 & 闖入的柵欄

擔心貓咪跑出家門走失或有房間不想讓貓進來的人，必讀此篇。

Room No.113022

shiho
與室內陳設呼應的玄關柵門
安裝在玄關的天然木防脫逃柵門，與房間自然的氛圍相映成趣。

透過限制進出
徹底保護貓咪的安全

雖然也是有人會覺得：「貓一定會回家，就讓牠自由去散步。」但最近的飼主幾乎都會採取防脫逃措施。此外，如果有人是在家工作，或貓有跑到廚房等地方搗蛋的壞習慣時，就必須得在家中的這些地方設置柵欄。建議各位可以迎合各自的想法、貓的性格與生活習慣等來採取措施。

好心情
POINT
1
設置於經常出入的玄關
家人或客人多的家庭可以在玄關設置柵欄，以防貓咪從出入口逃脫。

好心情
POINT
2
防止貓不小心從窗戶逃脫
活力十足的貓有可能會抓破紗窗後跑出去，因此紗窗也應加裝柵欄防護。

好心情
POINT
3
防止意外的廚房柵欄
能預防貓咪被火燙傷或不小心吃到貓不能食用的洋蔥等意外。

Room No.175686

ayu

這個防脫逃柵門是用6個IRIS OHYAMA的柵欄組
合而成，柵門的桿子呈縱向，所以貓無法攀爬。

這裡會有風吹進來

很舒服喵♪

Room No.313649

masamasa

用木質棧板製作柵欄並鋪設網子，讓貓能
在這裡曬太陽。

Room No.3130996

Se-ko

家裡的貓有些笨拙，所以我在2樓的走廊
安裝了防掉落柵欄。

Room No.3581311

chakuron.i

廚房四周加裝了阻擋進入的門窗，防止貓
咪惡作劇＆受傷。

Room No.81837

kiku

不想被入侵的房間入口，設置了通風的
和式拉門，貓會像這樣趴在上面窺探。

我可是知道

這裡有好吃的東西喵！

貓咪出入口

安裝在門上或牆上的貓咪專用門，也能成為室內裝潢一部分。

Room No.4121388

yuka

在牆上開洞，製造出入口！

若一直把門開著，房間裡的熱循環效率會變差，所以我在客廳的牆上做了貓用出入口。

專為貓咪打造
小小的出入口

近年來建造貓咪專屬出入口已愈來愈常見，雖然這不是一項必要設施，但有了它後，就能減少貓咪抓門，或人每次都得為此去幫貓開門的麻煩。此外，對於會為了貓總是讓門敞開的人來說，設置貓咪出入口則能提升冷暖空調的效率。而且最重要的是，貓咪在這扇小門鑽入鑽出的姿態真的超級可愛，各位一定能隨心所欲地享受這項設施帶來的好處。

 好心情 POINT **1**　**貓能自行選擇想待的場所**

有了出入口，貓便能隨氣溫或心情選擇自己想待的房間。

 好心情 POINT **2**　**DIY或改造都OK**

可在建造房子時安裝，或事後再自己加裝也行。

 好心情 POINT **3**　**尺寸應合成貓的大小**

若是按小貓時的身型，長大後可能會進不去，因此門的尺寸應合成貓大小。

Room No. 5350700

maki

前往貓咪私人空間的出入口，貓廁所就位
於其深處。

能防止暖氣外流！

出入口有擋板

Room No. 5418223

fantax

我們家的廁所是人貓共用，唯獨出入口不一樣。

Room No. 1182953

coffee-grounds

這個出入口是我用杉板DIY製作，為了讓
貓能從客廳通過裡面的和室後去到走廊。

通往廁所的
藍磁磚夢幻貓隧道

Room No. 3326772

kei

為了欣賞貓通過這裡，我一心一意地建造
了這個貓隧道，光看就覺得很幸福♡

Room No. 1209852

s.ura

挖穿客廳的門，讓貓咪能自由進出。

125

讓人想效仿的點子與妙招

本章將介紹用戶家中的巧思。
也許各位能從中發現在自己家也可以派上用場的技巧！

> 兼具貓踏板功能的
> 大容量收納櫃！

Room No. 5352582

anne

這裡是我用來收納個人嗜好的馬賽克磁磚，
將此打造成階梯狀的櫃子也能當成貓踏板。

> 客廳的挑高階梯
> 能充當貓跳台。

Room No. 376215

hm_myhome

圖為通往2樓的鏤空樓梯，蓋在窗邊就能替
代貓跳台。

包圍型的電視櫃
能防止翻倒意外！

Room No.1593804

nico

把人用與貓用的急難用品整理到行李箱&波
士頓包後擺在走廊上。

Room No.5584676

miso

宜得利的電視櫃解決了貓會爬到電視上的煩惱！

我總是把急難用行李箱擺在玄關
以備不時之需。

用箱子蓋住水族箱，
防止貓咪的惡作劇。

碰不到喵
……

Room No.979803

JUEN

利用紅酒木箱與層板把魚缸
罩住，防止貓咪玩弄金魚。
另外，植物也裝飾在貓碰
不到的地方。

Zzz...

確保老貓能舒適生活的
悠閒空間。

Room No. 4733963

pon

廁所、餐桌等都安排在貓容易移動到
的位置，營造出老貓也能輕鬆生活的
空間。

每隻貓的食量各不相同，所
以要在各自的籠中用餐。

Room No. 3403650

noguri

只有在吃飯時會需要讓牠們進到
貓籠中，因為4隻貓的食量都不
一樣。

在貓咪專用房間的入口
裝飾可愛的名牌。

Room No. 950381

yoneji

將貓草放入箱中栽培，裡面是2個無印良品
的貓草栽培組。

Room No. 664991

sayaka

把和室改建成和貓咪的遊戲間，入口上方還
有貓咪的門牌。

貓草在專用的溫室小花房中
蓬勃生長。

用DIY的蓋板擋住，
防止貓咪跑進水槽♪

Room No. 385856

korenankore

貓已經學會怎麼爬上廚房吧檯，
所以我製作了用來防止牠進入水
槽的蓋板，製作過程是先幫板子
打磨後再上油。

COLUMN
曬貓專區
Part ❸

Room No. 5893051

nanasi

我們剛搬家,這是牠終於在新家放鬆下來的模樣。

Room No. 4845751

nyankono
geboku

在毛絨絨的地毯上打滾的貓兒,讓人看了也好想一起倒下來睡!

Room No. 403953

necomaru.com

自從蓋上沙發罩布後,牠就不會在沙發上磨爪了。

Room No. 4666545

noritama

有相機的視線喵!粗粗的尾巴超可愛♡

Room No. 5324940 nr

貓就這樣窩進了我準備丟掉的紙箱,牠們果然就好這一味呢!

要趁躲起來時小睡啊。

Room No. 4612858 rie

在客廳放鬆中♡,咀嚼與貓生活的幸福時刻⋯⋯

Room No. 5054003

nekomi

牠就這樣盯著陽台上隨風搖曳的葉子好一陣子。

Room No.4721229 nyanpei
一邊伸長背脊一邊直勾勾地看著鏡子的
小貓兒。

Room No.936134 Pisa
相親相愛的3隻貓，互相撒嬌的畫面洋
溢著幸福。

Room No.188342 puu.tuuli
自從在籃子裡放入毛巾後，牠就開始每天都在這
裡睡得香甜了。

**Room No.3313635
Nyl**
貓咪從椅子後方偷窺
的視線讓人不禁感到
害羞啊♡

我可以瞧瞧嗎？

我不想從這裡
移開啊～

Room No.5448737 pongure
貓在桌子底下玩捉迷藏。啊、已經被
我找到了♪

Room No.5359941 nyagosan
牠不准奴才把腳放上這張腳凳上，顯然這
裡已經是我家貓皇專用的床鋪了。

Room No. 493113
sachi
輕輕躍上廚房吧檯的貓兒，項圈的造型好可愛！

Room No. 4228179 **ruby-love**
我選擇購買 CRASH GATE 沙發的原因是，它採用了就算被貓抓也能恢復原狀的材質。

Room No. 5854844 **saito**
我的興趣是動物刺繡，我們家的貓會在作業台上鑑賞我的作品。

Room No. 3638185
RuTatataN
電毯會吸貓這句話真的名不虛傳。

Room No. 3013257
shima_shima
吃完早飯後，馬上就是午睡時間了喵～。

Room No. 86142
runten
從外國進口的小型貓跳台。

Room No. 103566 Spice
繽紛的室內陳設與貓咪的坐姿很相配。

Room No.448462 **yumi**
剛迎接來的小貓已經和貓模型打成一
片了。

Room No.5479838 **yumiko**
這是我手工製作的貓跳台,貓咪能喜
歡真是太好了!

毛絨絨~♡

Room No.4858189
caneko
貓兒一坐上去就與藍色的
床包相互輝映。

Room No.167368 **tomoyo**
兩隻貓簡直就像親兄弟般,緊挨著彼此
的景象好窩心♡

Room No.3192959 **zuu**
這是DIY貓步道的最上層,貓咪睡眼
惺忪的神情萌死人了!

Room No.657291 **takeKAI**
我們家的明星是挪威森林貓,家裡裝
潢目標風格是貓咪咖啡廳風。

外面讓我
好好奇啊~

Room No.5296051 **ayutax**
兄弟雙人照。後面的抱枕上也有黑貓,
總共有101隻貓咪唷♪

如何與貓
快樂生活的
Q&A

本章將由動物行為專家加藤由子老師，回答養貓的人常有的煩惱。詳細瞭解貓咪的性格和行動等貓咪相關的知識，無論對人還是貓，都是邁向舒適同居生活的第一步。各位不妨參考加藤老師的建議作為指引，在好好觀察自家愛貓的同時，一個個解決問題，讓生活過得更有品質。

希望奴才
能更了解我們的
行為與性情喵！

\ 解答者 /

加藤由子老師

Q₁

我養了很多貓，本來以為牠們感情很好，但其實牠們也會吵架。雖然我想貓應該也是有地盤意識，但我並不是很清楚。為了讓貓咪們能和平相處，有什麼該注意的事情嗎？

A

貓本來就是喜歡獨處的動物。因此很多貓一起生活時，剛剛好的距離感很重要。建議您應該要為牠們營造能自己安心待著的定點！

貓咪本來就是會劃出只屬於自己的地盤，並在地盤中狩獵的獨居動物。所以貓咪基本上都不喜歡跟其他貓一起生活。但被人類飼養後，如果有給予充足的食糧，貓咪之間還是能和平相處。可即便如此，貓有時候還是會想待在只有自己的地盤中。各位必須要多留意創造空間，讓每隻貓都能確保自己專屬的位置，例如床鋪等。

＼ 來看看其他人的點子！ ／

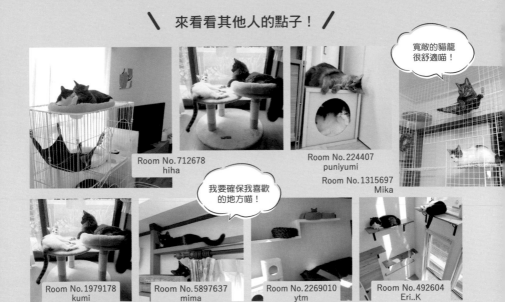

寬敞的貓籠很舒適喵！

Room No. 712678
hiha

Room No. 224407
puniyumi

Room No. 1315697
Mika

我要確保我喜歡的地方喵！

Room No. 1979178
kumi

Room No. 5897637
mima

Room No. 2269010
ytm

Room No. 492604
Eri..K

無論哪個家都有用心為貓咪們打造能在安全距離下安心放鬆的地點。

Q₂ 我和老貓一起生活，到這個年紀牠依舊會爬高，但有時候會失敗，所以我有點擔心牠會受傷。對於老貓來說，怎樣才是舒適的生活環境呢？

A 請製造墊腳，讓老貓不用跳躍就能去往高處！此外，在落腳點鋪設低反彈的墊子來減緩衝擊也很重要。

建議各位可在老貓總是會爬上去的地方設置墊腳，而同樣地在牠總會跳下來的地方也要墊高。此外，在落腳處預先鋪設低反彈的墊子也比較安心。然而，若因為空間限制怎樣都無法製造墊腳處時，就得想辦法不要讓貓爬上去。換句話說，各位必須要做好心理準備，隨著貓咪年齡的增長，用不到的貓步道總有一天要撤除。

＼ 來看看其他人的點子！ ／

Room No. 1422549
hiro 1128

＊以下照片只是示意老貓也能用得上的巧思，照片中的貓不一定是老貓。

在沙發邊下放置坐墊，製造和緩的高低差，讓貓不用向上跳也能去到高處，而且這樣下來時也很輕鬆。

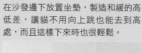

有墊腳處的話就很好爬了喵

沙發下方也軟綿綿的喵！

Room No. 556886
hemuko

Room No. 2029982
okyosan 101

Room No. 1183429
M

Q3

我很喜歡觀葉植物，但卻經常聽說植物對貓不好。請告訴我有哪些是可以擺的植物，以及有什麼措施能防止貓咪去吃或是玩弄植物呢？

A

請選擇對貓安全無虞的觀葉植物。此外，也建議您可以把植物裝飾在貓到不了的地方，或用人造植物代替也是一個方法。

並非所有的觀葉植物都有毒。想替房間增添綠意時，建議可以挑選安全的觀葉植物。能放心的植物有下列這幾種，而右方則是貓吃了莖、葉後可能會有危險的植物，購買時應向店員詢問品種等，向有知識的人確認很重要。

此外，百合科或薔薇科的花、花粉和種子都有毒，因此建議不要在家裡擺放

切花比較安全，最近市面上也已經有販售許多品質很高的人造花，可以多多參考。如果擔心稍不留神，貓就去吃或是去玩弄的話，就必需多花點心思，把植物放在或吊在貓絕對碰不到的位置等。再來就是大家或許可以考慮用人造植物來代替。

對貓安全的植物
● 天堂鳥花　　● 袖珍椰子
● 馬拉巴栗　　● 棕竹
● 虎尾蘭　　　● 正榕
● 小豆樹　　　● 散尾葵　　　等等

對貓危險的植物
● 綠蘿　　　　● 龜背芋
● 常春藤　　　● 垂榕
● 花葉芋等天南星科的植物
● 百合科與薔薇科的切花或盆栽

來看看其他人的點子！

> 安全的植物
> 就能放心了喵！

擺放安全的植物，或吊在貓搆不到的地方裝飾也行。如果有庭院，也可以擺在窗外觀賞。

Room No. 4188681
jam

Room No. 175686
ayu

Room No. 775065
heart.emiemi57.white

Q4

貓有時候會在貓廁所以外的地方尿尿，有沒有什麼能應對或防止的方法呢？另外，對貓來說，有沒有哪裡是設置廁所的最佳位置呢？

A

最好的方式是在容易觀察的地方設置容易觀察的貓廁所。首先您可以從觀察貓的行動來探究原因！而且最重要的，是要一個個地去嘗試改變您認為可能的原因。

各位應找出貓為什麼不使用廁所的原因。有可能是因為廁所形狀不對，也可能是貓咪不喜歡廁所裡的貓砂。又或許是貓咪身體不舒服，導致牠無法進入廁所。再來就是貓廁所擺放的位置不佳。請好好觀察貓咪，若發現「可能的原因」，就立刻採取行動。例如更換廁所或貓砂，或者變更位置等，在排除可能原因的同時，一定能找到解決辦法。

此外，觀察貓咪的排泄狀態是健康管理的第一步。雖然我能理解人都會想把廁所盡量擺在掩人耳目的地方，但這麼一來，就無法判斷貓是不是有好好排尿或有沒有便祕的問題，也就無法及早發現疾病。最近的貓砂除臭效果都很優秀，就算放在起居空間的角落，氣味也幾乎不成問題。而在挑選貓廁所時，應選擇沒有外罩的款式等，以便觀察貓咪排泄時的狀態，這點非常重要。

＼ 來看看其他人的點子！ ／

Room No. 5052585	Room No. 4803502	Room No. 516587	Room No. 3358452
suemonta 14	ayataro	Yukiko	H.T

感應式 LED 讓觀察廁所更容易！

把沒有用外罩遮擋的貓廁所，擺在客廳等能看到貓排泄狀況的地方，檢查貓廁所是健康管理的第一步。

Q5 貓咪會在牆壁或沙發等各種地方亂抓，這讓我很困擾。我該怎麼做，才有辦法阻止這個行為呢？

A 您沒有辦法阻止它！若想避免貓咪在您不希望的地方亂抓，就需要替牠準備比任何家具都還要好抓的磨爪用品！

磨爪是貓的本能，所以絕對沒辦法用罵的來阻止。我們能做的就只有避免讓貓咪在我們不希望的地方亂抓，以及想辦法讓貓在指定的地點磨爪。各位可以思考該如何配置，好讓貓不要靠近您不想被破壞的家具，或者直接撤掉等。另外，也可以使用市售的防抓貼片。除此之外，替貓咪尋找並準備一個材質比任何家具都好抓的磨爪器也非常重要。

好抓最重要喵！

＼ 來看看其他人的點子！／

Room No.1394977
conmichan

Room No.758476
kaede

Room No.183900
aya

Room No.915972
ryo

Room No.
5881892
mic

Room No.4632416
Lufu

Room No.5052585
suemonta14

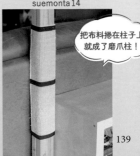

把布料捲在柱子上就成了磨爪柱！

磨爪器有橫放、直放還有箱型等多種多樣的型態。此外，各位也可以把覆蓋材料捲在柱子上等，替貓咪製造各種別出心裁的磨爪處。

多貓&多品種的
熱鬧大家庭

一起來
一探究竟！

MAME K用戶家裡的裝潢簡直就像外國的房子，而在他們夫婦的生活裡，更是充滿了動物與人能輕鬆共處的各種技巧。本章就讓我們來稍微一窺這樣迷人的生活型態吧！

寬敞的客廳是貓與動物的休息廣場

MAME K用戶的家是棟屋齡50年的獨棟建築，由夫婦兩人親手改造的家充滿了外國住宅的風情。「階梯前設置的柵門是丈夫的作品，門框是以木頭製作後，再穿過圍藝棒製作而成。」

參考外國房屋，
營造出人與動物都能舒適的空間

　　MAME K用戶夫婦參考國外的網站，兩人就這樣邊看邊學，替整個家進行了改造。「裝潢時我搭配喜歡的古董家具，並利用DIY讓空間更充實。我是從擔任賑災志工開始，除了自己養的貓外，也會收留中途貓或有殘疾的貓咪，於是不知不覺就變成這樣的大家庭。偶爾我也會舉辦收養會等活動。」利用DIY，讓與貓咪生活的巧思能和裝潢興趣相互結合，同時也實現了舒適的生活環境。

上：和貓咪們感情很好的狗狗流音耀。左上：貓咪和刺蝟一起午睡。左下：草原犬鼠很享受貓咪的舔毛攻擊♡

MAME K
● 坪數：6LDK
● 家庭成員：夫妻+飼養貓8隻+中途貓1隻+狗1隻+貓頭鷹2隻+草原犬鼠1隻+沙漠狐狸1隻+刺蝟1隻

是貓咪曬太陽的區域

窗邊的貓踏板

1 窗邊與餐具櫃旁的貓踏板是DIY製成。「最上層的玻璃踏板是用強力貼片設置在桌用支架上，從下方可以看見肉球。」 **2** 「家裡有生病的貓會用到點滴，平時為了不要讓其他貓玩弄點滴器具，我們會把它收納在專用的壁掛式盒內。需要的時候，只要從上方拉出就能筆直地垂吊使用。」 **3** 在綿羊造型的矮凳背部內安裝寵物用加熱器，打造取暖區。「天冷時，大家都會跑到上面取暖。」

羊背上的取暖區

下圖是MAME K丈夫手工製作的貓抓床，聽說預計將在Twitter@mameL527上販售。

1

2

3

在大大的長椅上和睦地午睡

裡面有電毯好溫暖喵！

4

3樓的窗邊設有柵欄

防脫逃相當完善

5

將娃娃推車重新塗裝，改造成貓用床鋪！

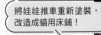

6

樓梯下方

是時髦的共同廁所

7

4 DIY的長椅。在平時人坐的墊子上架設板子後，再鋪上一層墊子改造成床鋪。「這麼一來，就算貓咪亂尿尿也只需要洗上面的墊子就行，墊子下方還有寵物用加熱器。」 **5** 3樓的窗戶設有防脫逃柵欄，下方還有連接到窗邊的貓踏板，方便讓貓能爬到凸窗上。 **6** 銜接到3樓窗邊的貓踏板採透明設計，能欣賞到肉球♡ **7** 此外，用戶還利用2樓客廳階梯下方的空間，DIY製作出猶如祕密基地般的廁所區。「貓和狗的廁所都收納在裡面。」

〉 結語 〈

　　來我家的客人經常會稱讚：「妳們家明明有養貓，卻很乾淨呢。」不過，我每次都會這麼回應：「正因為有養貓，所以家裡才這麼乾淨。」然而這句話的意思，並不是「有養貓才需要很努力地打掃」，而是「家變乾淨，是養貓的一個結果」。

　　自從養貓後，我會特別留意的就只有「盡量不要把東西擺在地上」。如果地板上有東西，貓毛與灰塵就會一起堆積在那之間的縫隙裡。總之，我會盡快收拾擺在地板上的物品，再來就是我每天都會使用吸塵器清潔環境。因為有養貓，所以我養成不把東西放地上的習慣，也因此我家才能常保整潔。

　　對於貓用的室內擺設，我希望大家也能這麼想。雖然是「為了貓而製作的○○」，但如果那件物品是讓房間變成一個質感空間的重要元素，那該有多麼讓人開心啊！因為有貓才得以成就的室內裝飾，這是多麼奢侈呢。好比說，在某處放了一只袋子，除了好用外，您也可以把它想成是一個室內擺飾，進而以「養貓特有」的精緻房間為目標來加以規劃。在人與貓有具體對話的空間裡，貓咪一定能更加豐富我們的生活。

加藤由子

加藤由子

1949年大分縣出生，畢業於日本女子大學。專業是動物行為學。曾擔任動物園的解說員，現為專為動物相關主題撰寫文章的作家兼隨筆作家。

RoomClip

日本最大的生活與家飾社群應用程式，自2012年5月推出後，用戶在平台發表的實例照片已累計高達500萬張，因能輕鬆搜尋理想的房間設計而大受歡迎。

🐾 設　　　　計 ⋯⋯ 岸博久（メルシング）
🐾 攝　　　　影 ⋯⋯ 蜂巢文香
🐾 插　　　　圖 ⋯⋯ とこゆ
🐾 編　　　　輯 ⋯⋯ 三橋利江、上村絵美
🐾 製 作 協 力 ⋯⋯ 秋山香織

NEKO GA YOROKOBU KAITEKI NA HEYA DUKURI
Copyright © 2022, Seibundo Shinkosha Publishing Co., Ltd.
All rights reserved.
First original Japanese edition published
by Seibundo Shinkosha Publishing Co., Ltd. Japan.
Chinese (in traditional character only) translation rights arranged
with Seibundo Shinkosha Publishing Co., Ltd. Japan.
through CREEK & RIVER Co., Ltd.

貓室友只想窩在家
與貓快樂同居的100件室內設計提案

出　　　　版／楓葉社文化事業有限公司
地　　　　址／新北市板橋區信義路163巷3號10樓
郵 政 劃 撥／19907596　楓書坊文化出版社
網　　　　址／www.maplebook.com.tw
電　　　　話／02-2957-6096
傳　　　　真／02-2957-6435
監　　　　修／加藤由子、RoomClip
翻　　　　譯／洪薇
責 任 編 輯／江婉瑄
內 文 排 版／謝政龍
校　　　　對／邱鈺萱
港 澳 經 銷／泛華發行代理有限公司
定　　　　價／350元
出 版 日 期／2023年2月

國家圖書館出版品預行編目資料

貓室友只想窩在家：與貓快樂同居的100件
室內設計提案 / 加藤由子, RoomClip監修
; 洪薇譯. -- 初版. -- 新北市：楓葉社文化事
業有限公司, 2023.02　面；　公分

ISBN　978-986-370-508-6（平裝）

1. 貓 2. 寵物飼養 3. 室內設計

437.364　　　　　　　　　　111020135